设计力

就是产品力

奥山清行 著 / 刘炯浩 译

电子工业出版社
Publishing House of Electronics Industry
北京·BEIJING

BUSINESS NO BUKI TOSHITENO "DESIGN"
by Kiyoyuki Okuyama
Copyright © Kiyoyuki Okuyama 2019
All rights reserved.
Original Japanese edition published by SHODENSHA Publishing Co., Ltd.

This Simplified Chinese language edition published by arrangement with
SHODENSHA Publishing Co., Ltd., Tokyo in care of Tuttle-Mori Agency, Inc.,
Tokyo through Beijing Kareka Consultation Center, Beijing

版权贸易合同登记号 图字：01-2021-0656

图书在版编目（CIP）数据

设计力就是产品力 /（日）奥山清行著；刘炯浩译. — 北京：电子工业出版社，2021.10
ISBN 978-7-121-41396-4

Ⅰ.①设⋯ Ⅱ.①奥⋯ ②刘⋯ Ⅲ.①产品设计 Ⅳ.①TB472

中国版本图书馆CIP数据核字(2021)第119227号

责任编辑：赵英华
印　　刷：涿州市般润文化传播有限公司
装　　订：涿州市般润文化传播有限公司
出版发行：电子工业出版社
　　　　　北京市海淀区万寿路173信箱　邮编：100036
开　　本：880×1230　1/32　印张：6　字数：192千字
版　　次：2021年10月第1版
印　　次：2024年11月第4次印刷
定　　价：79.80元

参与本书翻译工作的还有马巍。

凡所购买电子工业出版社图书有缺损问题，请向购买书店调换。若书店售缺，请与本社发行部联系，联系及邮购电话：（010）88254888，88258888。
质量投诉请发邮件至zlts@phei.com.cn，盗版侵权举报请发邮件至dbqq@phei.com.cn。
本书咨询联系方式：（010）88254161 ~ 88254167转1897。

提个问题：

你有没有想过，

自动扶梯

为什么是那个形状？

自动扶梯的原型可以追溯到

1900 年诞生的

首部有梯级自动扶梯。

在那之后一百多年，

这一形状就基本没有变过。

唯一的变化大概是，现在的人们会把电梯一侧空出来。

但是，在早高峰的车站里，

很多人一边想着，"快点儿走啊"，

一边只能默默等在长长的队伍里。

回到刚才那个问题。

既然电梯这么不方便，

那如果换个形状，

它会不会更高效？

你考虑过这个问题吗？

绝大多数人都会说：

"谁会没事去想电梯是什么形状。"

要知道，想没想过这个问题，

就成了

能不能化设计为商业利器的分水岭。

我是一名设计师，曾设计过法拉利恩佐（Enzo）和玛莎拉蒂总裁（Quattroporte）等汽车车型，独立创业后进行过日本秋田新干线、北陆新干线、豪华观光列车"Train Suite 四季岛"、大阪地铁等铁路列车设计，也负责过洋马（YANMAR）拖拉机、精工（SEIKO）手表、地区特色产业（如铁茶壶、眼镜等）从开发到销售的设计咨询工作。目前着手的设计项目是新型的出行方式，目标是解决老龄化社会的现实问题。

正因为我长期从事设计相关的工作，所以希望运用这些经验来消除人们对"设计"的误解。

不仅仅是"存在于表面的造型设计"，

更包括在实践中应用到的"设计的思考方式"。

在本书中，

我会从"设计"的定义讲起，

一直讲到商业最前沿的"现代设计"。

序言

无"设计"，不"商业"

认清现实吧，大多数商品都无法打动人心

当下，"设计"在泛滥。

当然，我并不是说以前的设计作品很少。只不过，从未有哪个时代像现在这样，让设计在商业领域大展拳脚。

出门转转，满眼都是绚丽夺目的广告牌，精心装潢的店铺，还有店里花样繁多的商品。

不仅是现实世界，电影、网络中的林林总总也能吸人眼球。

可是，我们不得不看到一个不争的事实：以上这些，几乎都没有达到预期的效果。

它们明明是设计师们呕心沥血的成果，却不热销，不火爆，不轰动。商品一旦推出，便昙花一现，迅速淡出公众视野，无法凝聚口碑，更别提流芳百世。

各位想必也已注意到了，只要质量好、只要造型美观就万事大吉的时代早就过去了。在这个商品和信息都极其丰富的时代，若没有确定的设计方略，不管什么样的作品，都难逃被遗忘、被忽视的厄运。

面对这样的现实，我在此断言：

如不能在真正意义上理解"设计"，那么"商业"便无从谈起。

"设计"，可不单单指造型

设计所面临的商业窘境，也的确在情理之中。毕竟，直到现在，日本社会对于"设计"一词都有着很深的误解。

大多数人觉得，所谓"设计"，就是指"造型"，就是去搭配颜色和形状，让事物更漂亮。

翻翻字典，我们也会发现，"设计"总是和"构思""造型"等词语联系在一起。事实上，遥想明治初期，"design"一词作为外来语传入日本，当时的人们就把它翻译成"图案"。150年都过去了，这种想法却还未消失。

没错，"构思"和"造型"肯定是"设计"，但它们只是设计的一部分，不可能涵盖设计的本质和深意。

2007 年出版的拙作《传统的逆袭》（祥传社）中，我曾这样描述设计与商业的联系：

"设计是对'产品'理念的规划，从开发到销售的所有环节都囊括在内。"

十多年过去了，我对设计的这一思考丝毫没有改变。在目睹了世界发展的趋势后，我甚至更加坚定了这一想法。

在《传统的逆袭》中，我还从另一角度对设计进行了阐述：

"设计是人们为了让自己的生活更美好而进行的创意劳动，从中产出'商品'和'服务'。"

各位是否有同感呢？为了唤醒读者朋友们的问题意识和探求精神，我在本书一开始便抛出了一个看似没头没脑的问题。对于设计来讲，从日常琐事中发掘课题，也是一项必备技能。

为了产出改善人们生活的"商品"和"服务"，我们该如何看待"设计"呢？这个问题与商业领域密切相关，万不可简单地将"设计"与表面意义上的"造型"或"艺术"画等号。

若不以此为前提，我们很难让设计在商业领域大放异彩。

日本社会对"设计思维"的理解太过肤浅

说起来，当"设计"与"商业"这两个词碰撞在一起时，不少人可能会联想到"设计思维"一词。

"设计思维"在日本风靡已久。

这一概念在 20 世纪 70 年代萌芽，以哈佛大学建筑师彼得·罗（Peter Rowe）的《设计思维》（*Design Thinking*）一书为标志，产生了固定的用语。

到了 90 年代，IDEO 设计公司的创始人戴维·凯利（David Kelley）开设"设计思维"的商务培训课程，拉开了将设计与商业相融合的序幕。

进入 21 世纪后，2005 年，美国杂志《商业周刊》（*Business Week*）发布以"设计思维"为题的大型专刊；2009 年，IDEO 新任首席执行官蒂姆·布朗（Tim Brown）出版 *Change By Design*（中文版《IDEO，设计改变一切》，万卷出版公司）；2013 年，戴维·凯利与弟弟汤姆·凯利（Tom Kelley）合著 *Creative Confidence*（中文版《创新自信力》，中信出版社）；这些书迅速引起热议，将"设计思维"一词推广到全球。

日本也毫不例外地投身这场热潮：以"设计思维"为题的研讨会和书籍让人眼花缭乱，"将设计思维应用到商业！""不学习设计思维，必将落后于商业的时代潮流！"等呼声四处可闻。

但是，日本所谓的"设计思维"只是借用了英语的"design thinking"这样一个语言外壳，其内涵并未真正渗透进日本社会。究竟什么是"设计思维"，这一根本性问题还没有得到足够的挖掘。

哪怕是企业和高校，它们对于"设计思维"的阐释也仅仅停留在"设计师为解决问题而采取的方式和手段"这一层面。

在我看来，"设计思维"的本质在于"让不是设计师的人也能够进行真正意义上的设计"。在这个过程中，其"思考方式"至关重要。

我们也没有必要让"设计思维"这个词承担过多的含义。只要更深刻地认识到设计在商业领域的角色和作用，便足矣。

今后，商业人士都需要学点儿"设计"！

如今的时代是转折的时代，新旧迭代，瞬息万变。

比如将所有事物与网络连接的物联网（Internet of Things）正在稳步推进；德国举一国之力实施"工业 4.0"（Industry 4.0）战略；美国以 GAFA（Google・Apple・Facebook・Amazon）为中心推动 IT 企业的"工业互联网"（Industrial Internet）的发展等。

日本的"工业 4.0"计划，也称"第四次工业革命"，致力于通过互联网让所有商品和服务相连，让机器与人类相连，让网络空间与现实世界相连，并不断向新的产业类型和业务领域进军。

近年来人工智能（AI）话题火热，其超越人类智能的转折点——奇点也指日可待。据野村综合研究所 2015 年 12 月发布的数据，目前日本约 49% 的劳动人口所从事的职业，在10 ~ 20 年后，将很可能被人工智能或机器人取代。

在整个世界范围内，人与社会的存在方式正在经历大规模的变革。商业和设计自然也被卷入其中。

哪怕是从"造型"的狭义角度来讲，设计也早已不再是设计师专属的工作了。在眼下这个时代，只要充分利用各种图像编辑软件，谁都能像设计师一样进行设计。

而从广义角度来讲，当今社会对商业人士提出了更高的要求，需要他们用俯瞰全局的眼光去设计自己的工作内容。

反过来讲，如果一位商业人士觉得自己不是专业设计师，因此可以对设计一无所知，那他就大错特错了。

对设计一无所知，不能为自己的业务带来革新性的变化，这样的人根本无法在商业领域存活。说白了，不懂设计的商业人士，很可能会被业界淘汰。

源于此，我决定基于自身的设计经验和日常思考，就商业和设计的关系略陈己见，希望能够帮助在商海沉浮的各位有识之士重新认识设计，把握设计的本质，思考设计在商业中的作用。

　　本人才疏学浅，书中难免有疏漏之处。如能对读者朋友有些许裨益，实属荣幸。

目录

Chapter 7　设计"未来" 169

Chapter

1

"设计"为何成了香饽饽?

成功人士绝不小觑"设计"的重要性

各位或许有所耳闻，近几年，不管是日本还是其他国家，越来越多的大学在本科或研究生阶段开设了设计专业，受到不少学生的欢迎。

比如美国有斯坦福大学的设计学院（The Stanford d.school）和哈佛大学的设计学院（The Harvard Graduate School of Design）；日本有东京大学的设计学院（The University of Tokyo i.school）和京都大学的设计学院（Kyoto University Design School）。当然，亚洲其他国家以及欧洲各国也不例外。

斯坦福大学的设计学院开设于 2005 年。在这十多年的时间里，不断有非艺术类院校开设了设计专业。

斯坦福大学设计学院的 Logo（源自官网）

毫不夸张地说，这一趋势源自商业领域的需求。
要知道，在如今的商业界，懂设计的人比比皆是。

事实上，虽说斯坦福大学高瞻远瞩，尽早开设了设计学院，但其实早在此之前，其所培养的人才就已经开始改变商业与设计的关系了。谷歌的创始人拉里·佩奇（Larry Page）和谢尔盖·布林（Sergey Brin）、雅虎的创始人杨致远（Jerry Yang）和大卫·费罗（David Filo）等都是代表性人物。

提到斯坦福大学，你们一定会想起那句有名的话，"保持饥饿，保持愚蠢"（Stay hungry, Stay foolish）。2005 年，苹果公司创始人之一史蒂夫·乔布斯（Steve Jobs）在斯坦福大学的毕业典礼上发表演讲，谈到了从里德学院退学前学习美术字课程的经历。

"……在设计初代 Mac 计算机时，美术字的那些知识突然在我脑中苏醒了。我把它们全都倾注到了 Mac 里，由此便诞生了世界上第一台拥有优美字体的计算机。如果我没有参加那些课程，那 Mac 里面就不会有这么多的字体，也不会有调整字符间隔的功能。"

（引自日本经济新闻电子版，2011 年 10 月 9 日）

从这些引领世界潮流的创业者身上，我们可以看出，商业离不开设计的视角。世界上的各大企业、高校，以及年轻的有识之士们，都已经洞察了这一点。

"设计"早已不再是"设计师"的专利

"设计"专业原本只出现在美术大学或学院里，为什么综合类院校也开始把设计纳入教学范畴呢？

东京大学和京都大学的设计专业是所谓的"旁支"，斯坦福和哈佛的设计专业也不是正统流派。

那么，这股专业设置的潮流有何意义呢？

这股潮流的背景之一是数码工具的普及，比如 Photoshop 和 Illustrator 等。

有了这些工具，只要一个人想设计，哪怕他没有学过专业知识，哪怕他不擅长手绘，也能完成一幅不错的效果图，或处理 3D 模型数据，甚至用 3D 打印机制作出实际的物体。

以前，"创作"领域几乎被艺术类院校所垄断。而现在，普通人也可以轻松接触设计工作，旧有壁垒已开始坍塌。

在这种大环境下，原本与设计无缘的人们得以进入设计领域。随着 AI 的不断完善，普通人的设计水平还会有更大的提升。

美国率先将"商业"思维引入"设计"领域

数码软件让任何人都能写出漂亮的字，画出漂亮的图画，因此设计行业的门槛大大降低，这也使得非艺术类院校涉足设计教育变得更容易。

但这并不意味着传统的美术大学和设计学院就不再进行设计教育了。那为什么只有斯坦福设计学院这样由综合类大学开设的设计专业吸引了公众的目光呢？

我认为有两点因素值得考虑。一是综合类院校所开设的设计教育打破了文理科的桎梏；二是在教授设计专业知识的同时，也十分重视商业课程。

之所以说"打破了文理科的桎梏"，是因为此前的设计教育一直受限于文理科的区分。在日本，美术大学的入学考试本身就被划分到文科领域。

在这种教育体制下，日本的许多设计师都是在接受文科教育的过程中掌握绘画技巧，毕业后到理科工程师的手下工作，每天机械地按照上级的指示完成商品的造型设计工作。

与此相对，美国的设计教育就不存在文理科的严格界限，甚至更偏向理科。毕竟，从造型、绘图到强度计算、原材料等，所有这些都作为设计知识被纳入教学大纲。

正是这个差别，造就了主导整个项目的设计师和被动机械劳作的设计师之间的鸿沟。

而从"商业课程"的角度来讲，目前日本的美术大学和设计学院的教学内容中，"金钱"的比重还远远不够（造型设计等也关乎金钱利益，第一点的"理科教育的缺乏"同样会影响到学生对"商业"的认识）。

因此，日本的很多设计师对商业领域缺乏了解，无法向第三方具体阐释自己的设计能够带来怎样的商业效益。

结果就是，日本的设计师完全无法触碰到项目的商业环节。大多数情况下，企业在生产线的上游决定好商品的设计理念，设计师在下游承担具体的造型设计工作（这种做法经常导致上游理念与下游实践之间发生龃龉，合作效率低下）。

在美国，不光是综合类院校将商业视角引入了设计领域，事实上，作为传统流派的美术大学或设计学院也早就捕捉到商业思维的重要性，只不过没有得到社会的太多关注罢了。

和日本不同，美国的美术大学和设计学院没有将设计等同于单纯的造型艺术，而是以经济要素为前提，将设计定位为"产出商品和服务的工具"和"解决问题的手段"。

20 世纪 80 年代初，我前往美国的艺术中心设计学院（Art Center College of Design）留学。那时，课程内容里已经包含了各种各样的经济要素，如预算、营业额、利润、投入产出比等。

我到现在还记得，上课时老师问道，"如果我们要产出这么多的商品，那么开发费用应该是多少？""如果这些是我们的现有设备，那么这套设计方案是否可行？"

当然，美国也不是在各方各面都技高一筹，但其确实在30年前就把商业思维引入了设计领域，告诫学生要用全局的眼光审视整条生产线，切不可将上游和下游分离开来。

现在，在商界的最前沿，由具备设计思维的商业人士（或能够参与上游决策的、具备商业思维的设计师）来主导整个项目，已经不是什么新鲜事儿了。

正是由于这样的跨界人才在世界范围内发光发热，日本社会也已经意识到将商业和设计相结合的必要性。这一点在下一节中会详细讲到。

近几年，不管是设计师还是商业人士，都愈加感受到理解"设计"、"商业"和"金钱"三者关系的紧迫性。

日本急需"设计 × 商业"的跨界人才

上文已经提到，日本传统的设计教育中经济要素严重不足。

就拿我在日本的母校武藏野美术大学来讲，直到 2019 年 4

月，"创造性思考与应用"（Creative Innovation）学科才得以成立。在世界大潮的推动下，日本社会对于商业和设计的认知终于有了变化。

长期以来，日本的美术大学和设计学院培养的都是缺乏金钱观的设计师。他们的眼中只有设计，不考虑设计带来的商业价值。

那么，日本难道一直没有"设计 × 商业"的跨界人才吗？倒也不是。说来讽刺，在此之前，能将设计视角引入商业领域的人，都是没接受过专业的设计教育而成了设计师的人。

比如水景设计公司（Water Design）的董事长坂井直树就是这样。

坂井直树曾设计过日产汽车的"Be-1"复古车和 au 移动电话等。他虽然曾就读于京都市立艺术大学，但入学不久便去了美国，15 年后才回日本创业。

同样担任过日产汽车外部设计师的山中俊治也是如此。除汽车外，他还设计过家具、机器人等，但他毕业于东京大学的工学系。

也就是说，这两个人都和传统的设计教育无缘。

从实际情况来看，像他们这样或远赴海外深造，或兼具商业嗅觉的人才，更受到社会的欢迎。

再举一个例子。佐藤可士和是我多年的合作伙伴，他毕业于多摩美术大学。

不过，佐藤一直对商业领域更加情有独钟。他曾多次表态，"我对艺术一点儿兴趣都没有。"

对无商业价值的表层设计工作毫无兴趣——我对此深有同感。

从多摩美术大学毕业后，佐藤到博报堂广告公司就职。从某种意义上来说，广告公司十分擅长把"无形的东西"标价出售。也正是在广告公司的工作经历让他更深刻地意识到，如何才能将设计"变现"。

有了这样的金钱观，佐藤不仅在平面设计领域大展手脚，在品牌创建和商品营销方面也游刃有余。

坂井直树设计的日产汽车"Be-1"

照片拍摄：西部裕介

千叶工业大学未来机器人技术研究中心研发的代步机器人"CanguRo"，
由山中俊治负责外观设计

近几年，企业的运营层面也开始起用拥有设计思维的人才。

在美国，接受过商业和金融教育的设计师进入公司的管理层，担任副总裁等，已经是家常便饭。在日本，这类现象也在逐渐增多。比如曾任日产汽车公司首席设计师的中村史郎就曾多年连任副总裁一职（2017 年卸任）。

不消说，中村也绝没有将自己局限在设计的小天地里。

从武藏野美术大学毕业后，他到五十铃汽车公司任职，不久便赴艺术中心设计学院深造。正是因为留学期间接受了设计与商业双管齐下的专业教育，中村很快得到日产汽车公司的赏识，最终在管理层也占有了一席之地。

从世界范围来讲，企业高层越来越注重设计思维。日本肯定也不例外。

以设计为锄，开垦新天地

我在上文介绍了美国设计教育的情况和设计行业在日本的境遇及其近几年的变化，现在回到最关键的概念——"设计思维"。

到底什么是"设计思维"？在"设计"与"商业"的融合过程中，"设计思维"就像我们手中的锄头，帮助我们开垦新天地。

在美国，尽管美术大学等传统的艺术类院校很早便意识到商业视角的重要性，但斯坦福设计学院等新兴的设计专业将这一点贯彻得更为彻底。它们不满足于将商业引入设计，而是干脆将设计带进商业。

在它们看来，设计是革新的手段，能够带来意想不到的商机和市场，能够推进停滞不前的项目，能够攻克悬而未决的难题。

这正是"设计思维"的本质所在。

斯坦福设计学院的创始人之一、当时的工科院院长吉姆·普卢默(Jim Plummer)在接受《朝日新闻》的采访时，是这样定义"设计思维"的：

> "我在这里所指的设计，是非常广义的设计，是一种为我们在生活中遇到的所有问题寻求解决方案的思考方式。当我们不只是被动地解决已有的问题，而是主动地寻找和发现新的问题时，'设计'便和'商业'联系起来了。这就是所谓的'设计思维'。"

（节选自《朝日新闻》2013 年 8 月 6 日"Opinion"专栏）

造型艺术和商业视角自然是设计教育的必要组成部分，但这种"关注未知问题的设计教育"更能为社会带来创新和飞跃，更能满足时代的需要。

什么是"非连续式创新"？

如同本章题目所暗示的那样，"设计"已经成为社会上的"香饽饽"。世界各国的高校和培训机构争相提供设计教育，各路精英不约而同地涉足设计领域。是什么让"设计"如此抢手？**简单来说，是因为现代社会越来越看重"设计"所蕴含的解决问题的能力和创新的能力。**

目前，欧美各国和日本等发达国家已逐步过渡到成熟的社会形态；而另一方面，以中国为首的亚洲新兴国家不断崛起，势如破竹。

在这种情况下，日本如果墨守以往的商业模式，必然会故步自封，何谈进步和发展。面对劳动力价格低廉又技术熟练的新兴国家，日本只能拱手让出国际市场。

如何才能打破这种局面？要靠未尝有过的新商品和新服务。

如何才能出"新"？要靠"非连续式创新"的能力。

什么是"非连续式创新"？创新理论的鼻祖约瑟夫·熊彼特（Joseph Schumpeter）给出了一个简明易懂的例子：不管把多少辆马车相加，也绝得不到一列火车。也就是说，不管我们怎样提高马车的性能，它也不会变成火车。其原因就在于，马车和火车之间有着非连续式的飞跃。

　　要完成这种飞跃，就要有"非连续式创新"的能力，这也是引领商业走向新阶段的原动力。

　　"非连续式创新"与"设计"有什么关系呢？设计过程中的构思能力、将构思付诸实践的能力、将所得商品或服务向社会推广的能力等，极有可能为社会带来"非连续式创新"。

　　"设计"蕴藏着无限的可能性，究竟该怎样将设计化为商业利器？"设计 × 商业"的发展模式又将走向何方？在后面的章节中，我会结合具体事例进行说明。

Chapter

2

语言上的设计

什么是"设计"？

现如今已经不会有人觉得"设计"是个新鲜词了吧，毕竟我们身边全都是设计出来的产品。用作名词的"○○设计"或用作动词的"设计○○"等表达方式在日常生活中频频出现，人们对这两个字简直信手拈来。

随口就可以举出不少例子：

- 时装设计
- 平面设计
- 装潢设计
- 网页设计
- 建筑设计
- 设计未来
- 设计人生
- 设计舒适生活
- 设计组织架构
- 设计国家蓝图

举出具体例子，我们就可以清楚地看到其中的区别。"○○设计"强调"构思"和"图案"，而"设计○○"更侧重"安排"和"计划"。

我在"序言"里也提到，日本社会一般将"设计"与"构思""图案"等同起来。简单来说，大多数日本人认为，设计师要干的工作就是绘制服装样式、构思海报布局、设想建筑物构造等。

这个意义上的"设计"，可以和"造型"一词相替换。

虽然算不上错误理解，却把"设计"的范畴大大缩小了。

说到底，"设计"（design）一词来源于拉丁语的"designare"，是"将想法和计划用符号和形状表达出来"的意思。

如果只把它理解为"包装好看""造型优美"，就太狭隘了。**其实它更偏向于"为解决某一具体问题而调整思路，并将想法用多种形态表现出来"的意思。**

尽管"设计＝造型"的偏见占据了日本社会多年，但人们正逐渐理解和认识到"设计"的本质，这从"设计○○"的词语搭配和"设计思维"的流行也可见一斑。

"设计的本质"在于用语言搭建理念

让我们把视野再拓宽一些。粗略地讲，"设计"包含两方面的要素，即"What"（什么）和"How"（怎么）。

上文讲到，"设计"的原始含义是"将想法和计划用符号和形状表达出来"。这样一来，What 就是指"想法和计划"，而 How 就是指"用符号和形状表达出来"。

此前人们之所以将"设计"理解为"造型"或"包装"，是因为把过多的注意力集中在了 How 的部分。

How 的作用自然不可轻视，但若是考虑设计的本质，其实更应该将重心放在 What 上面。

也就是说，如果不具备明晰的想法或计划，就无法产出好的设计、有效的设计、有意义的设计，以及创新性的设计。

那么，怎样才能形成 What，并让其清晰明确呢？

说来你可能不信，其实是通过"语言"。

我将其称为"语言上的设计"。

为了易于各位理解，我把侧重造型和包装的设计称为"画面上的设计"。

在这二者当中，"语言上的设计"更贴近设计的本质。在产出一项商品或服务的过程中，"语言上的设计"通常要占一半以上的比重，有时甚至会超过三分之二。

也正因如此，非艺术类院校才能轻松投身新型的设计教育，而普通人进入设计领域也不会遇到太大的阻碍。

但是，很少有人意识到语言对于设计的重要性。绝大多数人都认为，只有"直觉""感性""灵感"才能与"设计"挂钩。

我在拙作《让设计流芳百年》（PHP研究所）一书中曾这样阐述语言与设计的关系：

"设计是一个以产出为目的来统合意见的过程，也可以说是探查目标群体的需求并将其具象化的过程。很多人认为设计师就是整天画图，但比画图更重要的，是'用语言来搭建理念'。"

我在意大利工作时曾得到塞尔吉奥·宾尼法利纳（Sergio Pininfarina）的指点。也多亏了他，我才意识到语言对于设计的重大意义。

当时我负责设计法拉利恩佐和玛莎拉蒂总裁的车型，宾尼法利纳是我的上司，他是个用语言进行设计的高手。宾尼法利纳经常对我说，"绘图之前先用语言把自己的理念明确表达出来，然后再落笔""只要具备强有力的理念，那么广告语自然会抓住观众。那个时候，画面已经不再重要了"。这些话让我醍醐灌顶，至今记忆犹新。

目前，日本人欠缺的就是这种"语言上的设计"。我们要学会将自己的设计理念用谁都能懂的语言表述出来，将设计的方向和目标清晰地传达出来。

正是因为缺乏"语言上的设计"，人们才会把企划书越写越长，才会叫嚣"设计靠的是感性，懂的人自然会懂"。

日本的商业人士必须进一步打磨自己的语言能力，要能够将自己的设计理念清楚地传达给别人。

无法自如操纵语言的人，也必然无法自如地设计

不管是产出什么样的商品或服务，只要是进行"设计"，就必须以"语言"为出发点。

语言是把我们脑中的想法，即"What"部分明确表达出来的工具。**首先要有用语言表达出来的理念，然后才能将其塑造为画面或模型。**

不过，现在的日本人（不管是商业人士还是设计师）好像都不怎么相信语言能有如此强大的力量。

人们更推崇的是"沉默是金"或"闷声发大财"，越来越质疑语言的使用效果。这要放在以前或许还行得通，但要是现在还实行这一套，那别说跟不上全球化的脚步了，就连在日本国内，都迟早破产。

重申一下，语言本身便蕴含着巨大的能量，在设计过程中绝不能缺席。只有先用语言将想法明确表达出来，才能进行后续的视觉化操作，像是画图和建模等。

那么，如何才能学会"语言上的设计"呢？

也没什么特别的方法，只要在日常的工作和学习过程中多多进行"讨论"就可以了。

也就是说，掌握"语言上的设计"的关键在于提高"讨论能力"。

在见识过欧美国家的工作模式后，我深感日本人的讨论能力的匮乏。

"讨论能力"体现在众人通过讨论来分享自己的想法，从而得出共识或找到最佳解决方案。缺乏"讨论能力"，是无法进行"语言上的设计"的一大原因。

事实上，各位在企业或机构中开会的时候，真的会踊跃发言各抒己见吗？这种情况少之又少吧。大部分情况都是事情已经定好了，开会只是举手表决走个形式。

还有一种情况是大嗓门的人嚷嚷着自己的意见，把别人的发言当作耳旁风，会议没法取得一致意见。最终，只能把决定权交给领导。

这样的会议不开也罢，纯粹是浪费时间。

与此相对，欧美各国开会时很少出现领导大包大揽或少数服从多数的情况。

首先，他们绝不会简单地用投票来决定一件事情。

当面临一个课题时，负责团队会从方方面面进行彻底的讨论，从支持意见和反对意见中找出共通之处，将其确立为讨论的大方向，并进而寻求双方的折中点。通过不断的讨论，该团队最终得出让大多数成员可以接受的结论。

因为是经过讨论而得出的结论，所以后续工作会十分顺畅。

不是上级领导一拍脑子的决策，也不是近乎暴力的多数表决通过。由于讨论后的结论是众人认可的结论，因此各成员能够积极着手分内工作，协力推进整体进度。

"设计"的前提：勇于"辩论"

辩论活动在日本始终没能广泛流行，其中一个原因就在于日本人缺乏讨论能力。不过，也可以说，正因为辩论活动在日本并不普及，所以日本人的讨论能力没能得到培养和提高。这几乎是先有鸡还是先有蛋的问题。

尽管有些啰唆，我还是先说说什么是辩论。

辩论是两方人员针对同一论题，从完全相反的立场进行讨论。辩论活动在日本一度引起话题，但最终不了了之。

不少专家学者还对辩论提出了批评意见，认为它是欧美文化的产物，不符合日本人的国民性格；或者认为它不过是抓住对方空子强词夺理，不值得提倡。

这样的看法是对辩论的误解。**辩论不是一方巧舌如簧地给另一方下套，而是一种交流的艺术。**

在辩论过程中，持不同意见的双方（我在此不讨论没有意见，也就是没有 What 的人）互相以对方的发言为镜，找出己方忽视了什么，遗漏了什么，从而朝着最终的共识相向而行。

日本社会对辩论活动的偏见，也恰恰是日本人轻视语言力量的证据。**要想实现"语言上的设计"，必须从日常工作中培养讨论、辩论的企业文化。**

从意大利回国后，我深感日本人讨论能力的缺失。位于六本木新城（Hills）图书中心（Academy Hills）的"日本元气私塾"邀请我围绕"设计思维"讲 3 次课。面对着近 30 名学生（大多是三四十岁的成年人），我首先讲的就是如何提高讨论能力。

我的教学目标是让学生们以语言为工具来表达自己的想法，同时聆听对方的想法，双方经过辩论得出共识，并将共识应用于实际。

　　在我的课堂上，每节课都会有学生到讲台上阐述想法。其他学生在听的过程中可以自由举手发言，哪怕打断说话人也没关系。

　　我知道日本孩子从小受到的教育是听完别人的话以示尊重。但在其他国家，不管是学校还是公司里，人们总是不停地插嘴，因为"听"并不是目的，交流和讨论更重要。

　　我在教学过程中也设定了类似的规则。讲话人在陈述过程中如果看到有人举手，要停下来听取对方的发言。如果讲话人认为提问人的问题无足轻重，可以拒绝展开讨论；如果认为该问题发人深省，则可以进行深入探讨。讨论出结果后，讲话人再回归原本话题，继续陈述。

　　也就是说，我的教学原则是"沉默可耻"。我相信在上完我的课后，学生们对于语言和设计的关系一定有了更切身的体会和更深刻的认识。

"设计"需要一个过程，而非源自某一瞬间

　　我如此强调语言的重要性和讨论的必要性，其中一个原因在于想再次提请各位读者注意，设计早已不是设计师的专利。

上文也谈到，随着数码科技的进步，谁都可以进行形象化和可视化的工作。甚至，近年来的很多设计师并不擅长绘画（当然，画工也不能太差）。

换句话说，在如今这个时代，"设计"是一个过程，过程里包括多个环节，除实际落笔之外的其他环节也同样非同小可。

重视语言的另一个原因在于，我想强调设计不单单源于某一瞬间的灵感，而是需要一连串的过程。

无怪乎世人看重天意，哪怕是专业的设计师，有时也会将自己的成就归结于"顿悟"或"灵感"。

我不否认缪斯女神的偶尔垂青，但设计师若是不懂如何招待，那女神怕只是匆匆路过，不肯停留。

一味等待灵感，就像农夫等待永远也不会来的兔子，只能坐等饿死。灵感不是凭空出现的，是应设计师的召唤而来的。召唤的其中一个步骤，就是把自己的想法用语言表达出来。

好的设计的确诉诸人类的感性，但它并不是从设计师的灵感一蹴而就的。设计需要在过程中进行打磨，需要千锤百炼。

要实现好的设计，就需要积累大量的经验，在经验中总结过程，提炼逻辑。为什么选择这种形状？为什么表达这项内容？如果不能用条理清晰的语言来回答这些问题，那么设计出来的产品就无法取得观者的共鸣。

所以说，设计不是偶然的产物，而是以严密的过程按部就班地生产出来的——它是必然的累积。

日本社会总是以"艺术家"的标准来衡量"设计师"

我想，"设计"经常和"灵感"联系在一起，可能也是因为和"艺术"的混淆。"设计"和"艺术"的确有重合的部分，但它们并不一样。

简单概括的话，艺术是"艺术家花费自己的时间和金钱，为追求自己的理想而完成的作品"。问世之后，有些作品名垂千古，有些默默无闻，有些甚至骂声一片。

而设计是"设计师花费他人的金钱产出的商品或服务"，销售利润的一部分归设计师所有。

因此，从原则上讲，即使艺术家主观上可能有挫败感，但在客观层面上，艺术作品并没有"失败"之说。但设计就不一样了。如果商品卖不出去，服务推广不开，那这些设计产品就是失败的。

不管外表多好看，理论上有多完美，只要市场不接受，那这样的设计就没有存在的价值。

很多设计师对我的观点表示反对。还有人说，卖不卖得出去不光是产品设计的问题，还会受到销路和价格的影响。可是，销路和价格等经济因素本就应是设计工作的一部分。

一言以蔽之，设计要将商品或服务的营销也囊括在内。至少在欧美各国，这一观点已成为共识。

与此相对，日本经常把"设计"和"艺术"混为一谈，其最主要的原因在于委托方，如雇佣设计师的企业等，要求设计师具备高度的创作能力。

也就是说，委托方期待的不是迎合市场需求的设计产品，而是充满艺术美感的设计产品，或者说是"艺术品"。

这一点从常见的商业吹捧中也能看出来。委托方表示满意的时候，通常会说，"这精妙的造型和颜色，果然只有您才能设计得出来"，而不会说，"这精妙的造型和颜色，实在是太符合我们的产品理念了"。

在日本，商家和设计师间的合作模式通常是厂商或企业找某位著名的设计师约稿，要求对方提供艺术价值高的设计作品。之后，商家将该设计投入生产，期待着这项商品或服务能够大卖。

这种做法说白了，更像是碰运气。而这行踪不定、神出鬼没的运气，已经让不少日本企业陷入了瓶颈。

到底是"设计师"还是"咨询顾问"?

在第 1 章,我讲到"设计是对'产品'理念的规划,从开发到销售的所有环节都囊括在内"。在本章中,我又强调"要想让设计出新,就必须重视语言上的设计"。

读到这里,各位会不会觉得"设计"仿佛变成了"咨询"服务?"设计师"怎么摇身一变,担起了"咨询顾问"的职责?

千真万确。

设计就是一项咨询服务。一名合格的设计师,必须能够兼任咨询顾问。

日本将设计视为艺术,经常以艺术家的标准来衡量设计师。**但在欧美各国,业界更重视设计师提供商业咨询的能力。**

风靡全球的 IDEO 设计公司就是一个典型的例子。它完全就是一家充分运用"设计思维"的咨询公司。

那么,设计类的咨询公司和一般意义上的商务咨询公司又有什么不同呢?

二者都需要深入企业等委托方的内部,寻找可开发项目并提供解决方案或发展思路。其区别主要在于提供方案之后。

对于很多商务咨询公司来讲，只要将方案整理成报告书并提交给委托方，任务便宣告结束。至于方案如何实施，那就是委托方自己的事情了。

与此相对，设计类的咨询公司需要对最终的商品和服务负责，甚至还要参与之后的营销和宣传工作。

在这个意义上，设计类咨询公司进行的是一站式操作，为商品和服务的产出提供一条龙服务。

我所在的奥山清行设计工作室（Ken Okuyama Design）也是这样一家设计咨询公司。如果可能的话，我们甚至会请委托方提供发展计划书和财务报表等，将企业的发展理念、人员配置、商品结构和服务体系等要素全部考虑在内，参与商品从开发到生产的整个流程。

那么，设计咨询公司是如何协调"设计"与"商业"的关系的呢？我将在下一章中揭晓。

Chapter

3

满足消费者的
"欲求"

不是"需求"，而是"欲求"！

各位在职场上一定经常听到"需求"这个词，比如"了解顾客需求""满足消费者需求"等，耳朵都快听出茧子了。

"需求"对应的英文单词是"needs"。

但在本章中，我希望大家关注它的一个近义词。

那就是"wants"，即"欲求"。

我的重点不在于区分经济学术语，因此没有必要对它们的定义进行详细介绍。简单来说，

"needs"，是生活上的必需品，是"显性的需要"；

"wants"，是精神上的渴求，是"隐性的需要"。

换句话说，"needs"是指没有它们人就活不下去的那些东西，比如水、空气、电、食物、衣服、住宅等。

而"wants"是指没有它们人也活得下去，但有了它们生活会更丰富且舒适的那些东西。

有趣的是，对于没有它们就活不下去的那些东西，人们并不想花太多钱，总是觉得越便宜越好；

但是对于有没有它们都活得下去的那些东西，人们反倒不介意花些钱，而且花得还很开心。

日本的商品开发一直以"需求"为基准。可是，看看四周就能发现，这种模式已经暮气沉沉，四面楚歌。很多商家都在困惑，这些都是满足顾客需求的商品，为什么就卖不出去呢？

因为在物质极大丰富的当今社会，顾客的需求早已被满足了，几乎无缝可插。

要想在商业领域一展宏图，就要清晰地认识到，**当代市场不再靠"需求"驱动，而是靠消费者的"欲求"。**

戴森的起点："让人们享受打扫卫生的乐趣"

我们来举一个满足消费者欲求的例子。这个例子很特殊，因为它按道理来讲本该属于"需求"的范畴——吸尘器。这样一件家家需要的家用电器，戴森（Dyson）的双气旋吸尘器却成了时代的神话。

这款吸尘器的发明者是英国人詹姆斯·戴森（James Dyson）。

他曾在伦敦中央圣马丁学院（Central Saint Martins）和皇家艺术学院（Royal College of Art）学习室内设计等，但他的实践却远远超越了传统的设计范畴。

他把吸尘器这样一件"需求"品成功转换成了"欲求"品。

戴森把"气旋集尘技术"应用于吸尘器，于 1986 年在美国获得专利授权，并将其命名为"G-Force"。

随后，他开始在世界各国寻找合作伙伴。在这过程中，日本银精工株式会社（Silver Seiko）向他抛出了橄榄枝。

可是，委托他人进行产品生产，成品总与戴森心中的产品效果有所出入。

终于，在 1993 年，以银精工多年缴纳的授权费为本金，戴森在英国开设了自己的研发中心和工厂，并用自己的名字命名。

在自家公司，戴森进一步发展了 G-Force 吸尘器。

他把自己的研发理念描述为"让人们享受打扫卫生的乐趣"，并设计出透明的集尘桶。这就是戴森公司生产的第一代吸尘器产品——DC01。

透明的集尘桶让用户能够随时确认劳动成果。戴森认为，当人们惊讶道，"15 分钟前刚刚打扫过，现在居然又吸出这么多灰尘！"，打扫卫生就会变得很有趣。

戴森吸尘器有很多优点，如吸力强，排气顺畅等。但我认为，"透明"是它最大的卖点，简直是划时代的设计。

詹姆斯·戴森设计的气旋式吸尘器 "DC01"

不过，据戴森自己回忆说，公司刚成立的时候，其他人都不同意"看得见灰尘的吸尘器"这一设计方案。不管是管理层还是市场部，全员反对。

"还是把马达部分做成透明的吧，展现机械美。""对对，而且那是产品最重要的部分。""看看轴承看看马达什么的都没问题，唯独垃圾这部分还是算了吧，这么脏的地方怎么能露在外面。"

可是，戴森的想法和他们正好相反。

让顾客看得见灰尘——看！我们公司的吸尘器能吸这么多灰尘！——让顾客看得见吸尘器的功效。有了成就感，就能体会到打扫卫生的乐趣。

戴森以"我的公司听我的"为由力排众议，将"看得见灰尘"的吸尘器投入生产并推向市场。结果，火爆销售。

戴森没有把注意力放在消费者的"需求"上。如果考虑"需求"，那肯定要强调吸尘器的外观美、性能高。但他没有这么做。

他敏锐地把握了消费者的隐性需求，知道他们的"欲求"是什么。由此，他确信，"这个点子一定能大卖！"

戴森公司气旋式吸尘器绝称不上便宜，可消费者就是愿意为它买单，甚至很多人买了第一台之后还会买第二台、第三台。

上文说过，"对于有没有它们都活得下去的那些东西，人们反倒不介意花些钱，而且花得还很开心"。戴森的吸尘器就正属于此类。戴森的卓越设计，唤醒了消费者的潜在需求。

由此，戴森突破了设计师的范畴，跻身商业人士的行列。2017年，戴森公司的年销售额达到35亿英镑（约307亿人民币），成长为全球性的家电设计制造公司。

真正的设计就是要刺激并唤醒消费者的"欲求"，制造"只要推出必定热销"的产品。

能唤醒消费者欲求的设计师，才是符合时代要求的优秀设计师。若是只想着造型和包装，那根本不能理解戴森公司何以走向成功。

不仅要满足消费者和市场，更要创造消费者和市场

从戴森的事例可以看出，关注消费者的欲求有助于帮助厂家创造前所未有的价值，开拓新的可能性。

表面上，戴森只是设计了一台新颖的吸尘器；实际上，他设计的是"打扫卫生的乐趣"。吸尘器有千千万万台，却只有戴森吸尘器独领风骚，称得上是前所未见的吸尘器。

这种革新，被我被称为"创造消费者和市场"。

日本也有类似的成功案例，比如 1979 年索尼（Sony）推出的"Walkman 随身听"。

Walkman 由小型磁带播放器和耳机构成，让人们在坐公交的时候也能听喜欢的音乐，几乎在媒体播放器领域掀起了一场革命。

在那之前，耳机虽说早已出现，但听音乐只能在家里听，因为必须守着那累赘的音响。

索尼精准地发现，顾客渴望在任何时间任何地点都能听到自己喜欢的音乐。正是这一欲求让 Walkman 应运而生。

Walkman 火爆全球后，众电子厂商蜂拥跟上，类似商品络绎不绝。40 年过去了，以前的磁带随身听已经发展成了数码随身听。街道上，商场里，塞着耳机的男女老少随处可见。

索尼设计的是新型的生活方式。通过创造便携的音频播放器，它创造了新的消费者和市场。

当今社会，越来越多的商家把"新的消费者和市场"作为发展目标。

例如，谷歌公司（Google）于1998年成立，原本只是研发互联网的搜索引擎，后来却迈入网页广告、云端存储、手机软件、硬件设备等多个领域，现在又在进行自动驾驶方面的尝试。其如饥似渴地搜寻消费者的欲求所在，马不停蹄地开启了一项又一项新事业。**换句话说，谷歌改变了通信、广告、信息、汽车等多个行业的面貌，甚至设计了新的行业结构。**

类似的事例数不胜数。

比如，爱彼迎（Airbnb）以租住匹配的客户欲求为立足点，改变了酒店和旅行社行业；贝宝（PayPal）以在线支付的客户欲求为立足点，改变了金融业等。

成功的企业必定不会安于现状，而是以消费者的欲求为跳板，不断开拓新的局面。

换句话说，他们绝不满足于现有的消费者和市场，而是不断创造新的消费者和市场。

如何通过设计"创造消费者和市场"?

那么,设计师如何才能创造新的消费者和市场呢?请允许我拿自己的亲身经历来举个例子。

我原本只担任奥山清行设计工作室(Ken Okuyama Design)的董事长,因机缘巧合,有幸出任洋马公司(Yanmar)的总经理一职,极大拓展了业务范围。以概念拖拉机"YT01"为开端,我进行了农业机械、建筑机械、能源产品、水上产品及店面设计等多领域的商业设计。

洋马公司的总部设在大阪,于 1912 年成立,至今已有一百多年的历史。

在 2013 年的东京汽车展览会上,我展示了我为洋马设计的概念拖拉机"YT01"。

从照片来看,它是不是和平时常见的拖拉机很不一样?这台拖拉机曾占了主流报纸的整整一个版面,被比作《机动战士高达》里面的机动套装"。

主流报纸登载对农业机械的介绍,可谓是闻所未闻。这台拖拉机带来的社会冲击力如此之大,如同夜空中突然绽放的烟花。

洋马概念拖拉机"YT01"

不过，对我来说，这台拖拉机的意义不仅在于外观的革新，更在于它所携带的理念。

那就是"促进日本的农业改革，推动新型农业的发展"。

我出生在日本山形县，家里算是农村兼业户，我从小就接触农活，对洋马的各式农机都很熟悉。与此同时，我也深知农民的辛苦和农业的疲敝。

由此，我想改造农业，想创立新型农业。

这，才是"YT01"的真正内涵。

挖掘"欲求"，掀起新的"潮流"

那么，设计拖拉机和新型农业有什么关系呢？

我的最初想法是以此拖拉机为契机，吸引"新人"从事农业。

新型农业需要新型人才。仅凭原有的"专职农民"是不够的，必须要有从其他行业转行过来的"新农民"。

可这话说来容易做来难。假如有一位上班族对农业感兴趣，他能无所畏惧地踏入这个陌生领域吗？他如果单身的话可能还好说，但如果他已婚且孩子还小的话，那这就不是他一个人能决定的事情了。

"YT01"在田野上驰骋

我们假设这位父亲在某次晚饭后宣布："我要辞职去务农。"妻子只需一句"不行"就可以打消这个提议。

那么，这位父亲怎么才能实现心愿呢？

靠孩子。

"哇,那辆拖拉机好酷啊!爸爸,你要开那个去田里干活吗?太帅了,太拉风了!爸爸你去吧,一定要去!"

孩子这么一说,妻子也很可能回心转意。

这就是"孩子→妻子→丈夫"的三步走策略。

事实上,之所以把拖拉机塑造得"像机动战士高达"那样,就是为了让孩子们觉得"酷",觉得"拉风"。

试想一下,在绿色的原野上,一辆红色的拖拉机奔向远方。虽然它远得几乎变成了一个点,可那抹红色依旧直贯眼底。

驾驶着拉风的拖拉机,潇洒地干农活。这就是我对新型农业的憧憬。

要吸引"新人",就要满足他们的"务农很酷"的欲求。这是我本次设计的基石。

如何发掘消费者的"欲求"?

那么,如何才能把握住,甚至创造出消费者的"欲求"呢?

我能给出的答案是:"多听实际的声音。"

每接到一个项目，我都会奔波于实地考察。原材料的产地，我要去；工厂，我要去；零售店，我要去。通过和技术人员攀谈，和顾客聊天，渐渐就会意识到问题出在哪儿，哪些要素很重要。

说回那辆概念拖拉机。

我之所以能想到"孩子→妻子→丈夫"的三步走策略，其实是从埼玉县的一位稻农那里获得了灵感。

经洋马公司一位店员的介绍，我到水田里去叨扰那位稻农。

他很年轻，用的收割机是洋马公司的产品，拖拉机却是进口货。我问他，"你为什么买国外产的拖拉机？"他痛快地答道："因为国产货太丑了。"

我惊讶地问道："怎么，你是根据外观来挑选拖拉机的吗？"

他答道："对啊。要知道，拖拉机这东西，哪怕是国产货，也和进口小轿车差不多的价钱。反正都这么贵，我还不如选个好看的。"

我一低头，看到他穿着白色的运动鞋，于是问道：

"下田怎么还穿白鞋？多容易弄脏。为什么不穿胶靴呢？"

他认真地回答说："我家里的小汽车也是进口货，开它的时候不可能穿胶靴，肯定要换上干净漂亮的鞋子，对吧？拖拉机也是一样，大价钱买的东西，得好好用，不能糟蹋。

而且，我一天里短则 8 个小时，长则 12 个小时都要开着拖拉机干农活。如果穿着湿哒哒的胶靴，那踏板就会滑溜溜的，而且到处是泥。这样的环境里怎么好好干活呢？所以我要换上运动鞋，既安全又舒适。

工作环境是很重要的。像我现在，开着空调，听着音乐，这里放水杯，这里放手机，快意自在。"

也就是说，这台拖拉机其实就像他的办公室。

而且，这位稻农在 2000 年的时候弃商务农，正是我在上文提到的"新型农业"所必需的"新型人才"。

"以前我在东京赤坂的一家公司上班，在那里认识了我太太。"

说着话，他往旁边的小路上一指，一位美丽的夫人正站在那里。

我脱口问道，"你辞职种田，太太就没意见？"

他哈哈笑道，"怎么可能没意见，意见大了。不光是我太太，我周围人都劝我再想想，说种田多土啊，又累，又不赚钱。

但真到这儿之后，你看这大片的田地，多开阔，日子过得有趣多了。而且孩子也可以就近上学，省了好多事，所以我太太现在也挺满意的。"

正是那次谈话，让我发现了问题点。

要想为新型农业拉拢新型人才，就需要赢得以家人为首的反对力量的同意。这也是我在设计过程中要解决的根本问题。

让我们拿公司的运行机制来打个比方。很多人都觉得作为一家之主的父亲是家里的 CEO（首席执行官），但其实他至多是 CFO（首席财务官），真正的 CEO 是他的妻子。而要想让 CEO 改变主意，就得让孩子出面。

孩子觉得"农业好酷啊"，妻子才有可能同意，然后丈夫才能顺利转行。

所以说，这台像"高达"一样的概念拖拉机是脱胎于"实际的声音"。

这台拖拉机在车展上一经发布便颇受好评，两年后作为 YT 系列车型开始量产，直到现在都人气不减。

再次强调，在当前的日本社会，不管是商品还是服务都已经达到了饱和的状态。在这种情况下，要想创造新的市场需求，就必须把握消费者的隐性需求，即"欲求"。以"欲求"为立足点，才能获得新的顾客和市场。

Chapter

4

"品牌战略"创造价值

若只会生产大宗商品，那日本商业不会有未来

在第 3 章，我们重点讲了"欲求"的重要性以及"欲求"与"创新"之间的关系。

从"欲求"和"需求"的角度来讲，如果只满足用户"需求"，那生产出来的只能是普通商品，或者说是大宗商品。

所谓大宗商品，是指在市场上比比皆是，几乎没有功能和质量上的差别的商品或服务。

日本厂家所产出的，主要就是大宗商品。

由于功能和质量上没有什么差别，所以价格就成了消费者的选购依据：越便宜越好。而厂家若想提高效益，就必须以更低的成本生产更多的产品。

各位读者想必也已经注意到，这种商业模式在日本几近日暮途穷。

我不否认它曾为日本带来高速的经济增长，但现在，它已经成为以亚洲为首的各新兴国家的拿手好戏。

若打价格战，日本怎么可能敌得过那些新兴国家？

因此，若只会生产大宗商品，那日本的商家几乎无未来而言。

那么，如何打破这一困局呢？**自然是生产大宗商品以外的产品。**

在我看来，普通的、常见的商品属于"大宗品牌"；在大宗品牌之上的，是"知名品牌"，也就是我们常说的"名牌"；再往上，是"奢侈品牌"。

大宗商品反映的是市场"需求"，名牌商品和奢侈品反映的是市场"欲求"。**因此，基于顾客"欲求"的产品研发，必须以"名牌"或"奢侈品牌"为导向。**

日本应以"高级大宗商品"为跳板

不得不说，上来就以"名牌"或"奢侈品牌"为发展目标并不现实。**为此，我建议日本的厂商首先着眼于"大宗商品"和"名牌商品"的过渡阶段，即生产"高级大宗商品"。**

所谓"高级大宗商品"，它的基本落脚点依然是"大宗商品"，但却具备同类商品所没有的价值，使得消费者情愿多花些钱来购买。

我相信,这类过渡商品将为日本商业带来新的未来。

那么,有哪些商品称得上是"高级大宗商品"呢?

前面提到的戴森吸尘器就是一例,苹果公司出产的 iPhone 也是一例。

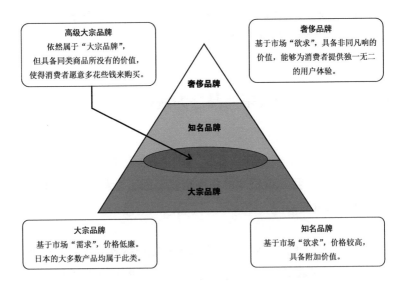

品牌战略的金字塔模型

从普及程度来看，智能手机其实早已变成了大宗商品。要论功能和外观的话，iPhone并不具备压倒性的优势。

但是，考虑到它那丰富的媒体音乐、流畅的运行系统、多彩的应用程序，再加上创始人乔布斯的传奇事迹，人们始终难以将iPhone简单地等同于一般智能手机。

即使价格略高于同类手机，消费者也愿意为它买单。

国誉（Kokuyo）的招牌产品——Campus系列笔记本——也是"高级大宗商品"的代表。我曾在拙作《让设计流芳百年》中有所论述，在此稍做引用。

"国誉的Campus笔记本几乎遍布日本的大街小巷，无疑隶属'大宗商品'的范畴。不过，自1975年推出以来，Campus笔记本不断更新，不断改进。……

Campus笔记本的特点在于仅由3部分组成：封页、内芯、书脊。其价值主要体现在6个方面：装订技术、材料质量、排线方式、尺寸大小、页面设计以及销售价格。

就是这样简单的一件商品，国誉却在其品质上精益求精。内芯可以说是笔记本的生命所在，国誉没有选用再生纸来降低生产成本，而是优先考虑书写顺畅且不易渗墨的纸张。……

国誉收购了印度的一家文具公司，让其在当地生产并销售 Campus 系列笔记本。尽管 Campus 的价格比当地其他笔记本要高 20% 左右，却挡不住它的销量节节攀升。纸张不易破、书写顺畅无阻、不洇墨等卖点让 Campus 口碑载道。"

顾客宁愿多花 20% 的钱也要买它，这可以说是高级大宗商品的典型了。要是贵上两倍三倍，就算是"名牌"甚至"奢侈品"了。

让我们再来举个例子，来看看最近颇有话题度的巴慕达（Balmuda）产品。

巴慕达公司在 2003 年成立于东京，它于 2015 年推出的蒸汽烤箱迅速博得了消费者的青睐。

巴慕达蒸汽烤箱 "Balmuda The Toaster"

我本人也购买了一台，用它烤出来的面包确实好吃。

巴慕达蒸汽烤箱比其他品牌的同水准烤箱价格稍高，但又绝不是让人望而却步的价格。

创意小家电曾一度风靡市场，但在我看来，其中的大部分商品都平平无奇，无甚亮点。在万千竞争者中，巴慕达的这款蒸汽烤箱以其精巧的外观和独特的烘焙工艺脱颖而出。

我真心希望巴慕达公司能够坚持目前的发展路线，继续推出令我们眼前一亮的新产品，壮大日本的高级大宗商品市场。

什么样的商品是"奢侈品"？

前文提到，我认为日本厂商目前应把着眼点放在"高级大宗商品"上，但从长远利益来讲，迟早需要推出"知名品牌"和"奢侈品牌"。那么，究竟什么样的商品才是"奢侈品"呢？

简单来讲，奢侈品是买回家后能升值的商品。

我们以法国奢侈品集团爱马仕（Hermès）推出的铂金包（Hermès Birkin）为例。铂金包是爱马仕总裁专门为法国女星 Jane Birkin 设计的手提包，它已经成为女性的身份标志之一。

不过，哪怕是 Jane Birkin 本人想买这款包，如果只是随随便便跑去店里问，那是百分之百买不到的。事实上，不管在哪个国家，门店里几乎都见不到这款包。如果你去问什么时候有货，店员基本都会回答不知道。

有传言说，想买铂金包，先要在等候者名单上登记排队，之后要等几年就不知道了。事实上，就连在等候者名单上登记都不是简单的事情，首先要让爱马仕认可你是他们的顾客（最好是熟客）。

怎么能成为"被认可的顾客"呢？你需要往爱马仕门店里多跑几趟，先买买铂金包之外的商品，和店员混个脸熟。在此基础之上，再告诉店员你想买铂金包。这样一来，店里有货的时候店员才有可能打电话通知你。

换句话说，不是你选择奢侈品，而是奢侈品选择你。而且，当奢侈品来敲门的时候，你得不假思索地开门迎接，要不它下次什么时候来可就说不准了。

不过，只要你买到手，就一定不会买亏，因为奢侈品必然会升值。

奢侈品还有一个特点，就是你可以把它传给下一代。

爱马仕肯定是没问题的，意大利的法拉利、瑞士的百达翡丽（Patek Philippe）和江诗丹顿（Vacheron Constantin）、法国的宝玑（Breguet）等也可以，毕加索和凡高的画作、美国的海瑞温斯顿（Harry Winston）以及法国的梵克雅宝（Van Cleef & Arpels）等都能传子传孙。

跨越世代的传承仿佛在告诉人们，这些品牌会永世流传。

日本为什么没有"奢侈品牌"？

长时间以大宗商品为主要业务，易造成商业发展疲沓、活力缺失，大部分厂商将在国际竞争中退出舞台。

大宗商品已不再能够满足消费者，因为它们"已经够多的了"。

在这种情况下，只有名牌商品和奢侈品才能勾起消费者的兴趣。而要想实现产品转型，就必须具备洞察事物本质的能力。

虽然日本人在这方面也算不上得心应手，但姑且走在了亚洲的前列。我曾多次前往中国等亚洲其他国家，当地人民都对日本有很高的期待，相信日本会首先打造出国际知名品牌和奢侈品牌。

遗憾的是，作为行动主体的日本商业人士和一线生产员工们并没有意识到，日本竟被赋予了如此高的期待。

因此，到目前为止，日本的品牌战略没有表现出足够的发展势头，也没有代表性的厂商出现。

如此死气沉沉的状态又使得业内人士丧失斗志，无力引进新的人才和技术。这样一来，日本的商业模式就陷入了恶性怪圈。

陷入恶性怪圈的原因之一在于日本长久以来的生产模式。

很长时间以来，日本的生产模式基本分为两种：单件生产和批量生产。

在单件生产模式下，手工艺者倾注心力来完成一件堪称艺术的作品，然后顾客以高价买走。不消说，这种商品的市场十分有限，消费者几乎是固定的。

批量生产是日本厂家的拿手好戏，其主要盈利手段是薄利多销。这就注定了这种模式只能产出大宗商品。

换句话说，日本的生产模式呈现两极分化的状态，要么生产一个特别好的，要么生产大批普通的，没有面向 100 个、1000 个这样说多不多、说少不少的数量的生产模式。

这种生产模式的缺失，使得日本难以出现爱马仕、法拉利那样的奢侈品牌。

什么能够决定"品牌"的价值？

在生产大宗商品的阶段，浑浑噩噩不讲策略也就罢了，但**若想打造知名品牌和奢侈品牌，就必须对"品牌战略"有清醒的认识。**

关于"品牌战略"，市场上已经出现了不少相关书籍。比较常见的说法有：

- ■让消费者理解该品牌的产品理念
- ■提高产品的附加值，使其有别于同类商品
- ■获得消费者的信赖，稳定销量

这些说法都很正确，我相信这类书籍能够帮助读者对"品牌战略"树立起概览性的认识。

但是，我想强调的是更根本的问题："到底什么是品牌？"

或者我们换个说法："对于消费者来说，品牌意味着什么？"

我认为，是"承诺"。

若没有承诺，品牌就无从说起。

不管是商品还是服务，品牌传递给顾客的是关于"某种价值"的承诺。顾客若对该价值感兴趣，便支付相应的金钱来获取它。

顾客买下的商品或服务若与品牌的承诺相符甚至有所超越，那么顾客便会信任该品牌，继续购买该品牌的商品，成为该品牌的忠实客户。

相反，顾客买下的商品或服务若与品牌的承诺不符，那么该品牌必将跌落神坛，失去作为"品牌"的价值和意义。

消费者本就去留无意，一旦离去，很难再度挽回。

因此，"品牌"的基石是遵守对消费者的"承诺"，提供满足消费者期待的商品或服务。

日本社会对"品牌"的误解

为了让"品牌战略"更易于理解，我们用餐厅来打比方。

假设有一个特别出名的餐厅。

杂志、自媒体等都争相介绍它，主厨是怎样怎样的手艺，店里是怎样怎样的氛围，饭菜是怎样怎样的口味等。

在了解过这些信息后，顾客怀着相应的期待去餐厅就餐。如果就餐体验和期待相符（最好是超越原有的期待），顾客就会觉得"这餐厅真不错""下次还要来"。

心满意足的顾客越来越多，该餐厅的名声也就越传越广。

但是，如果就餐体验低于原本期待，顾客基本不会再次光顾。一传十十传百，这家餐厅的口碑也就日渐衰败。

品牌也是同样的道理。如果打破了满足消费者"期待"的"承诺"，该品牌便无以为继。

不过，这里很容易产生一个误解。

有些人会认为，"要想满足顾客，就要回应顾客的所有诉求。这样一来，品牌就树立起来了。"

真的是这样吗？我们还是用餐厅来打比方：假如有一家餐厅，顾客想吃什么它就提供什么，完全没有自家固定的菜单。这样的餐厅你会去吗？

相比之下，不管顾客想吃什么，"只要来我们的餐厅，就请享用这些菜肴。我们保证它们能够取悦您的味蕾。"这样的餐厅更能塑造独属于自己的品牌。

日本商界奉行"顾客就是上帝"，认为只要顾客愿意付钱，那么商家就应该有求必应。但这种方式是无法打造真正意义上的"品牌"的。

商家首先应对自己有清晰的了解，明确自己能为顾客提供什么。与此相对，顾客也会对该商品或服务有相应的期待。商家提供满足或超越顾客期待的商品或服务，是打造品牌的最基本前提。

"有求必应"，不会酿就"品牌"。

法拉利的营销战略——最大限度地利用"品牌"

与日本的"顾客就是上帝"正相反，对消费者来说，法拉利更像是高高在上的存在。

1995 年至 2006 年，我在意大利的宾尼法利纳公司（Carrozzeria Pininfarina）供职，这期间曾负责法拉利和玛莎拉蒂的车型设计。

法拉利是一家中小型企业，员工只有 3000 人上下。而这 3000 人中，有 600 人被分配在 F1 赛车部门（Gestione Sportiva）。

F1 部门并不直接创造收益，可法拉利却把五分之一的人力投入在此，其目的就在于将法拉利打造为全球知名品牌。

而在汽车销售的环节，法拉利又充分利用了自己的品牌优势。

2002 年，为纪念创业 55 周年，法拉利推出了以创始人名字命名的"法拉利恩佐"跑车，由我主导设计。

这款跑车的生产量从一开始就确定好了——349辆。怎么是这样一个有零有整的数字呢？因为法拉利的创始人恩佐·法拉利（Enzo Ferrari）留下遗训："永远要比市场需求少生产一辆。"

首先，法拉利公司请经销商和代理商进行市场调研："法拉利将推出以创始人名字命名的跑车，价格区间为每辆6000万～8000万日元（按照当时的消费标准），预计可以卖出多少辆？"之后的调研结果表明，350辆是确定可以卖出的数量。

紧接着，法拉利公司便决定，生产349台法拉利恩佐跑车，价格定为7500万日元（约合人民币500万元）。

如果是日本厂家的话，肯定会调低价格，增加生产数量吧。法拉利公司的做法完全相反。

他们先是在日内瓦车展上隆重宣布："为纪念创业55周年，法拉利将推出超级跑车，定价7500万日元，限量生产349台。"

接着又引用创始人恩佐的名言，解释了为何生产349台："之所以选择'349'这个数字，是为了遵守创始人恩佐的遗训，'永远要比市场需求少生产一辆'。"

这一宣传手段获得了爆炸式的反响。3500人蜂拥而至，足足达到了生产量的10倍。人人握着7500万日元的支票，唯恐错过预售。

法拉利公司统计预购者名单，保证"买不到的话全额退款"，向预购者收取半价订金。让我们来做个数学题：7500万日元÷2×3500=1312亿5000万日元（约合人民币86亿元）。这笔钱随后被投入金融机构进行资金流转。

349名幸运人士由当时的法拉利公司董事长蒙特泽莫罗(Luca Cordero di Montezemolo)定夺，优先考虑他的朋友、著名影星、知名赛车手等。名单确定后，法拉利公司向这349名顾客致信："恭喜您获得购买法拉利恩佐的资格。请携带尾款提取爱车，我们恭候您的光临。"

收到信的顾客大喜过望，"买到法拉利恩佐了！"立马带钱去提车。

而法拉利公司虽然要向349名顾客之外的预购者退还订金，但由于已经进行了一段时间的资金运作，其收益依然颇为可观。

不仅如此，因为从一开始便知道产品会销售一空，所以不管是研发还是生产阶段，法拉利公司都不存在投资风险。

考虑到顾客的热情，法拉利公司又追加生产50辆，全球共计发行399辆法拉利恩佐跑车，日本以正式渠道引进了33台。

法拉利的营销策略看似是一步险棋，实则稳赚不赔。

其根基在于法拉利作为奢侈品牌的"承诺"：绝不辜负顾客的"期待"。

正因如此，即便卖出天价，也毫不影响人们对法拉利的追捧和憧憬。

"品牌战略"的必要前提

在充分利用品牌优势方面，法拉利为我们提供了一个很好的范本。那么，如何才能实施品牌战略呢？

在一次座谈中，我和路易·威登（Louis Vuitton）日本分公司的总经理有了如下的对话。虽然是半开玩笑，我却受益匪浅。

我："我想买个 LV 的手提包作为礼物送人，可是你们的包都太贵了，全在 30 万（约合人民币 2 万元）到 50 万日元（约合人民币 3 万元）之间，能不能稍微给我便宜一点？"

总经理："实在抱歉，我们的商品是不讲价的。"

我："这样啊，不好意思让您为难了。"

总经理："不过，我们有一款 5 万日元（约合人民币 3000 元）的钱包，和 30 万日元的手提包使用的是同种原材料。这款钱包在日本的同类商品里面算是顶尖的了。您若是觉得 30 万日元的手提包太贵，不妨考虑一下这 5 万日元的钱包。"

我："这个价钱我还真可以考虑。"

总经理："如果钱包也太贵的话，我们还有狗项圈和钥匙链。这些都和那 30 万日元的手提包采用的是同种原材料和同种制作工艺。要知道，LV 不只有高价商品，而是覆盖到生活的方方面面。"

总经理的回答可以说让我醍醐灌顶。

除手提包、钱包外，路易·威登还生产首饰、衣服、鞋子、文具等。男士单品里面，甚至还包括跳绳。

诚如总经理所言，路易·威登的产品覆盖到生活的方方面面，既有 400 万日元（约合人民币 26 万元）的旅行箱，也有 2500 日元（约合人民币 160 元）的地址簿。

这就告诉我们，品牌不是靠单一的商品撑起来的。

品牌像一座金字塔，首先要有基石，然后有中间部分，最后是顶点。如果只有顶点，金字塔怎能矗立？基石是它的必要前提。

什么才能充当品牌金字塔的基石？正是我们前面提到过的"高级大宗商品"。

拿路易·威登来说，它的基石是普通人也买得起的钱包和钥匙链。

拿法拉利来说，它的顶点是跑车，中间部分则是冠以"法拉利"品牌的各式商品。

可不要小瞧中间部分。在我设计法拉利恩佐的那段时间里，法拉利公司年销售额的 17% 都要归功于那些中间商品。

比如法拉利公司的收入来源之一是品牌授权的费用。如果单从收益率来看的话，一家汽车模型公司付给法拉利的授权费比法拉利卖出一辆跑车还要高。

因此，在品牌金字塔中，基石和中间部分是不可或缺的。

但与此同时，基石和中间部分要想发挥作用，必须要有顶点的牵引和带领。

毕竟，只有当顶点越来越高时，金字塔的总体积才能越来越大。关于这一问题，我会在下一章中详细阐释。

Chapter

5

用"故事"传递"设计"

"旗舰产品"理应一马当先

在第 4 章，我介绍了品牌战略的基本要素。在本章中，我将突破商品的物理层面，讲述如何用品牌的"故事性"来抓住顾客。

每一个品牌都拥有自己的代表性商品。

用商业用语来讲就叫作"flagship"（旗舰）。"旗舰"原指挂有司令旗的舰队指挥舰，后被引申为某一品牌中起主导作用的门店或产品。

在第 4 章的结尾，我提到了品牌金字塔的结构问题。金字塔的顶点，其实就是该品牌的旗舰产品。它在品牌战略中一马当先，起着举足轻重的作用。

不过，旗舰产品不一定是收益最高的产品。**甚至说，我们压根儿就不可以用盈利的眼光来审视旗舰产品。旗舰产品是一个品牌的象征，代表着品牌的形象，其作用在于吸引消费者，而不是提高营业额。**

消费者因旗舰产品而注意到该品牌，并尝试购买其商品，甚至成为该品牌的忠实顾客。

沿用我们之前举过的例子：对于法拉利公司来说，跑车是它的旗舰产品。以跑车为先导，法拉利公司获得了热情的消费者，由此为冠以"法拉利"品牌的其他中间商品打开了销路，并通过品牌授权来获取额外收益。

此外，旗舰产品还有另一项重大用途。

如果说它的第一项用途是针对消费者而言的，那么第二项用途就是针对公司自身的。正是由于旗舰产品的存在，公司内部的集体荣誉感才会高涨，且更容易吸引优秀人才。

曾经有一段时间，很多汽车厂商情愿花重金打造车展上的展示车，其目的之一就是招兵买马，广纳人才。

这样的展示车会发出两种信号：其一面向外部人才，吸引他们投简历竞聘岗位；其二面向内部员工，让他们意识到"原来我们公司还有这样的产品"。

当今社会，产业分工日益细化，哪怕处于同一家公司，很多员工对自己职责之外的公司业务几乎一无所知。因此，从企业凝聚力的角度来讲，旗舰产品也是不可或缺的。

怎样讲述品牌故事——将"遗产"发扬光大？

某品牌的旗舰产品是能够展现该品牌的内核和理念的产品。

那么，什么是品牌的"内核"？怎样去寻找这一"内核"？

其中一个办法是追溯原点，即"创始人出于怎样的目的创立了这家公司"。

大多数情况下，创始人怀着对社会、对消费者的使命感而迈出了第一步。**回归原点，找回初心，就能明确地看到企业今后的路在何方。**

找到初心，也就找到了品牌的"内核"。

另一个办法是挖掘该品牌多年积攒下来的"遗产"。

顾客在挑选商品的时候会考虑很多因素，其中之一便是商品背后的"故事"。

因为被商品背后的"故事"所感动，所以顾客会买下这件商品。而且，之后在和周围人聊天时，他也会饶有兴致地说："嘿，你知道吗，我这件东西还很有来头呢。"

比如法拉利公司曾推出"612 Scaglietti"跑车，我当时也参与了它的设计工作。

"612 Scaglietti"的造型致敬了当年的"375MM",而"375MM"背后是一个令人动容的爱情故事。

"375MM"在全球只有一辆,由电影导演罗伯托·罗西里尼(Roberto Rossellini)特别定制,作为送给当时的妻子——著名影星英格丽·褒曼(Ingrid Bergman)——的礼物。

事实上,二人的婚姻在那时已经告急,罗西里尼试图以精心定制的礼物挽留爱妻。

"612 Scaglietti"继承了"375MM"的多项设计要素。在推出"612 Scaglietti"时,法拉利公司毫无意外地再次讲述了罗西里尼的故事。

再比如,瑞士的知名腕表品牌泰格豪雅(TAG Heuer)曾推出摩纳哥(Monaco)系列腕表。

这款表得名于"世界一级方程式锦标赛摩纳哥大奖赛"(Monaco Grand Prix),以其方形外观和蓝色表盘备受瞩目,且搭载了赫赫有名的自动上弦机芯(Chronomatic Calibre 11)。

摩纳哥腕表的性能自是无可挑剔,却不足以成就传奇。史蒂夫·麦奎因(Steve McQueen)在 1970 年好莱坞电影《勒芒》(Le Mans,又名《极速狂飙》)中佩戴了这款腕表,才助其一举成为腕表界的神话。

与此相似，劳力士(Rolex)的迪通拿（Daytona）腕表也因其所有者保罗·纽曼（Paul Newman）而身价暴涨。

1969 年，纽曼拍摄电影《获胜》（*Winning*）并迷上了赛车，妻子乔安娜·伍德沃德（Joanne Woodward）购买了一枚劳力士迪通拿腕表送他做礼物，还在表的背面刻上了"Drive Carefully, me"（亲爱的，小心驾驶）的字样。温暖的爱意，被灌注于这小小的腕表中，时时陪伴在丈夫左右。

要知道，纽曼的这枚迪通拿腕表，在 2017 年的拍卖会上以 20 亿日元（约合人民币 1.3 亿元）的价格成交。

这一个一个的故事，就是法拉利、泰格豪雅、劳力士多年积攒的遗产。

正是这些故事，让顾客深陷其中。

"遗产"不能坐吃山空

从这些例子也能看出，欧洲的各大品牌很擅长利用自家的遗产。

它们不是原样重复，而是结合当代的时尚潮流和顾客品味进行再设计和再创造。

因此，同一款型才能四季常青，人气不减。

不过，从现实情况来讲，欧洲品牌的这"一招鲜"也快不灵了。**毕竟"遗产"的数量有限，用来用去就快用尽了。到头来，新产品说经典不经典，说新颖不新颖，夹在中间两相为难。**

那么日本商界是什么情况呢？与欧洲正相反，日本的各厂商还没有意识到品牌遗产的价值，在这方面完全是生手。

这反倒成了日本商界的机遇。欧洲各品牌的遗产已经快枯竭了，日本的品牌遗产却还未开采。

不过，日本有必要吸取欧洲品牌的教训，引以为戒。"遗产"是历代积累下来的，当代人没法穿越到从前去制造"遗产"。等需要用的时候，再后悔"那时留下来就好了"就已经晚了。

因此，日本商界一方面要学会充分利用品牌遗产，另一方面又要留心制造和培养品牌遗产。毕竟，今日埋下的种子，不知哪代便会硕果累累。

这就有点像种树。

据说，树木要经历三代人才能出售。这代人栽下一棵杉树，浇水施肥，精心呵护，100 年后就能卖出几千万日元的价格。

可是，不管是打造品牌还是种树，如果不种下那第一棵杉树，那后面的事都无从谈起。

还有哪些途径能够找到品牌的"内核"?

我在前面几节介绍了如何从创始人和品牌遗产的角度寻找品牌"内核"。除此之外,还有很多其他途径,**创业的地点便是其中之一。**

比如,日本福井县的鲭江市号称"眼镜城"。在眼镜行业,只要说产自鲭江,对方就会点头赞许。

日本人自身可能还没有意识到,其实"Made in Japan"已经成为产品质量的保证。

对于日本的地区性特色产业来说,"地区"本就是品牌。它们的产品不是现代工业化社会中批量生产的产物,而是出自手工艺人的精心打磨,且源自当地特有的传统工艺,他处难求。

不过,直到现在,这些地区性特色产业也并未发展出自己的奢侈品牌,实在是让人痛心。

要想打造奢侈品牌,光有令人惊叹的产品是不够的,还要灵活运用产品背后的"故事",如当地的风土人情、历史传统、材料特性、工艺流程、匠人精神等。

正是这背后的"故事"支撑起品牌的"内核",正是这些"故事"让顾客沉醉流连。可也正是这些"故事",一直被埋没。真是可惜,可叹。

此外，"创业的历史"（时间的长短）也足以成就品牌的内核。

法拉利于 1947 年创立，到现在不过有 70 多年的历史。而日本五十铃（Isuzu）汽车公司的前身是东京石川岛造船厂的汽车部门，于 1916 年起步，比法拉利早了 30 多年。

顺便提一下，在全球范围内，创业历史长于 200 年的企业约有 5600 家，其中一半以上的 3100 家都是日本企业。

创业千年以上的企业在全世界只有 12 家，其中 9 家在日本。各位还没有看到其中的巨大机遇吗？

"创业史"简直是日本企业压箱底的宝贝，怎能闲置？

话说到这儿，可能还会有读者摇头叹气："我们公司没有品牌遗产，没有悠久历史，也没有地区优势，是不是没救了？"

怎么可能，当然有救。我在这里只是举了几个典型的例子，在此之外还有很多其他途径。只要发散思维，勤于思考，一定能够找到自家企业的闪光点。

比如，不妨从品牌的名称入手。

大家所熟知的特斯拉（Tesla）汽车是以生活在 19 世纪后期至 20 世纪中期的大发明家尼古拉·特斯拉（Nikola Tesla）的名字命名的，他是塞尔维亚裔美籍发明家、物理学家、机械工程师及电气工程师，主要成就包括交流电系统、无线电系统、X 射线等方面的研究。

现代汽车公司将企业理念与历史人物相结合（在不违背法律的前提下），借用对方的名字来树立自身的企业形象。

这样的小心思，也有可能关乎企业的品牌内核。

KEN OKUYAMA 的品牌战略

我的设计工作室（KEN OKUYAMA）是以我的名字的日文发音命名的。以它为跳板，我很想为后世留下一些遗产。

因此，在从事设计咨询工作的同时，我还推出了"KEN OKUYAMA EYES" "KEN OKUYAMA CASA" "KEN OKUYAMA CARS"等品牌战略。

我的心愿是，在我死后，这些品牌依然能够流传下去。

我很幸运，在树立眼镜品牌"KEN OKUYAMA EYES"的时候，之前作为汽车设计师的背景故事派上了用场，号称眼镜框架上的"超跑美学"，在眼镜行业引起了不错的反响。

"KEN OKUYAMA CASA"是将日本传统工艺与餐具、家具等相结合的家居品牌。其中，与日本新潟县燕市山崎金属工业合作推出的餐具"EDA"（木枝）在 2013 年的德国红点设计大奖赛（Red Dot Award）上夺得了年度最佳设计奖（Red Dot: Best of the Best）。

此外，KEN OKUYAMA 还和日本岩手县盛冈市岩铸公司（Iwachu）合作推出了南部铁器[1]的铁壶，和日本山形县菊地保寿堂（Kikuchi Hojudo）合作推出了山形铸物[2]的铁壶，和日本岐阜县多治见市丸甚制陶厂（Marujin）合作推出了茶杯和茶碟，和日本山形县天童木工家具制造厂（Tendon）合作推出了椅子等产品。

我为 KEN OKUYAMA 设定的旗舰品牌是"KEN OKUYAMA CARS"。

为了给当前的日本汽车行业开辟新市场，也为了实现少量生产的商业模式，我的所有汽车产品都要限量生产或定制生产。

以 2008 年日内瓦车展为开端，我相继推出了"kode7"、"kode8"及"kode9"。

每个少年都曾有过一个超跑梦，即使成年后，那个少年也一直住在心里，未曾离开。为了满足少年们的心愿，我想把跑车带进日本人的日常生活，而且让普通人也买得起。

既能在巡回赛上飞驰，又能在大街小巷中穿梭，我笃定这样的车能够在日本打开销路。

1　南部铁器，泛指日本岩手县的著名特产，是用传统铸造法打造的生铁制品。它在日本已经成为高端铁器的代名词。
2　山形铸物，泛指在日本山形县山形市周围制造的铁器，在 1975 年被日本经济产业省（当时的通产省）指定为传统工艺品。

kode7 是敞篷式跑车，kode8 是电动汽车，kode9 是双座跑车。此外还有仅出产一辆的"kode0"和"kode57"。前者售价约 1 亿 6000 万日元（约合人民币 1000 万元），后者约 2 亿 5000 万日元（约合人民币 1600 万元）。

与日本新潟县燕市山崎金属工业合作推出的餐具"EDA"（木枝），在德国红点设计大奖赛上获得了最高奖

双座跑车"kode9"

在此之前，日本的汽车产业从未尝试过限量生产。通过率先采用这种生产模式，我希望能够为日本的汽车产业开拓新的局面，招揽新的消费者。

对于生产者来说，与顾客的相遇是一种缘分。

曾有人对我说，"你好不容易设计的，难道不应该多产多卖吗？"

不是的。

旗舰产品，还是限量为好。

精工手表的"遗产"

我曾作为外部设计师参与精工（SEIKO）手表的设计工作，这个案例很好地展现了如何挖掘并利用品牌遗产的优势。

不知各位是否听说过精工的 Prospex 系列腕表？

接触过水肺潜水的朋友们可能对这款表有所耳闻。

它首发于 1965 年，是日本第一块潜水手表，有潜水旋转表圈和水下 150 米耐水性。

从 1966 年开始，这款表被四次赠予南极越冬观测科考队，证明了其在恶劣环境下的耐用性，获得了消费者的信赖。

1968 年，精工为这款表搭载了当时最高水准的高频 36000 机芯，使其防水性能提升到水下 300 米。

1970 年，当时隶属日本山岳会的植村直己和松浦辉夫登顶珠穆朗玛峰，他们所佩戴的腕表就是精工 Prospex。由此，Prospex 以其结实耐用的特性受到广泛关注。

1968 年的精工 Prospex 系列腕表，具备 300 米耐水性

我参与设计的是 2019 年发售的精工 LX 系列腕表。

该系列以 1968 年精工潜水表为蓝本，之所以要再续前缘，主要是由于 Prospex 系列[1]的潜水表在海外广受追捧。

以泰国、中国等亚洲国家的人们，以及移居美国的亚洲人为主，众多消费者对精工潜水表不吝赞美之词。**他们甚至给不同款型取了各自的昵称，如"金枪鱼"、"怪兽"、"海龟"（植村直己登顶珠峰时所佩戴的款型）、"武士"等。**

不光是口碑载道，Prospex 系列的实际销售额也稳步增长，直逼精工手表的顶级款型 Grand Seiko 系列。

在这里，问题出现了。

备受顾客喜爱的 Prospex 系列基本都在 10 万日元（约合人民币 6000 元）上下。当这些热情的顾客们事业有成，飞黄腾达后，这个价格水准便不再适合他们的社会身份了。在这种情况下，精工可以说是拱手将忠实顾客送给了瑞士的高端腕表品牌，非常可惜。

曾经就有顾客遗憾地说，"其实我很想用精工手表，50 万日元（约合人民币 3 万元）的话我也买得起。可是精工表里没有这个价位的高级潜水手表。"

1　Prospex 系列同时包括 Landmaster 和 Fieldmaster 等其他运动腕表。

顾客都这么说了，精工怎能再无动于衷。

但还有一个问题，那就是销路。

在实际销售过程中，Prospex 系列一般和雅柏（Alba）等同价位商品摆在同一柜台。突然换上 50 万日元价签的话，只怕不会有人买。

那如果放到 Grand Seiko 系列的专卖店里呢？不是同系列商品，摆在一起会很奇怪。

面对提升档次和打开销路这两个问题，精工找到了我，可能是因为我曾在高端品牌下从事设计工作。

事实上，我正好有这方面的经验。

之前，我曾参与三宅一生 (Issey Miyake) 腕表的设计工作。那是一个由精工和三宅设计事务所联合主导的研发项目，邀请了很多世界知名的产品设计师。在该项目中，我提议为 5 万日元（约合人民币 3000 元）的某系列产品研发 50 万日元的新款型。

一部分人员极力反对，认为太过冒险。万幸的是，新款型反响不错，销售一空。

我把这一经历讲给 Prospex 系列的负责人后，他说，"听起来很有意思，那就拜托您了。"

延续"遗产"，创造新传奇

我对于 Prospex 系列 LX 新款的定位，是为精工打造新的"高级商品"。

在当今社会，手表早已不是需求（needs），而属于更高层面的欲求（wants）。若依然把手表作为大宗商品来销售，那无异于自降身价。

因此，在复刻款设计项目中，我的目标是推出高级商品，拓展与之相匹配的销路，并打造相应的品牌形象。

在设计过程中，精工手表的总经理说了一段很有意思的话。

他说，如果我当时以强硬态度推行自己的设计理念的话，那我和精工的缘分也就到此为止，精工以后不会再雇用我。

但是我和我的设计团队拿出的方案是以精工 1968 年款型为遗产，在此基础上融合现代潮流，将原款型升级换代。

鉴于我对精工的传统如此看重，总经理认为我是一个值得信赖的设计师。

承蒙总经理的信赖，在那之后，我和精工又展开多次合作，缘分延续至今。

Prospex 系列包括多种款型，但其基石依然是 1968 年发售的潜水表。

新款继承了 1968 年款型的设计框架，又在细节处注入了现代元素。

比如，表壳处理工艺采用了一般仅用于高级腕表的 Zaratsu 抛光技术 [1]，让表面平坦光滑，且能够折射出锐利的光芒；在采用单体表壳和自动机械机芯的同时，通过改变表身的侧面角度来尽可能缩减整体的视觉厚度；将表身重心下移，缩短表身与肌肤的距离，让手表整体与手腕更贴合，提高佩戴的舒适度等。

这些细节处理在媒体报道上也颇受好评。

在 LX 系列的设计过程中，我曾请精工内部的设计师们提供一些方案。结果，随着设计师们的改进与调整，这些方案离 1968 年的原款型越来越远，差异越来越大。我本想着，从"术

1　一种曾用于打造日本武士刀的镜面打磨技术，是可以打造无失真的镜面抛光效果的传统手工抛光工艺。

业有专攻"的角度来讲，钟表设计师们的想法一定会优于我，但事实并非如此。

由于采用了 Zaratsu 工艺，新款的表壳显得更为锐利

看到他们的方案与原款型相距甚远，我感到非常不可思议，便去向他们询问缘由。得到的回答是"总觉得必须加点新的东西"。但那样一来，就没必要进行"复刻"了。这种求"新"的想法，是在复刻品牌遗产时十分常见的错误。

鉴于此，我和设计团队设定了一系列研发准则。其中最根本的理念在于，对于该继承的部分，要坚定不移地保留，同时通过改善细节来满足当代人的使用习惯。

最终，我们保持原款型的设计框架不动，通过改变镜面角度、降低表身重心、调整手表尺寸等手段，在保证手表功能的前提下，将实用性与美观性高度融合，为Prospex系列渲染出新的魅力。

在实际销售中，价格随材质而定，但整体区间位于50万到80万日元（约合人民币3万到5万元）。这样一来，我想就可以满足精工潜水表的粉丝们的期待了。

怎样给 Prospex 系列讲"故事"？

本章中我一直在强调，对于名牌产品和奢侈品来说，产品背后的故事是必不可少的。**当代的商业人士和设计师必须具备"讲故事"的才能。**

事实上，在 Prospex 系列 LX 新款的产品发布会上，面对众多商业同僚和各大媒体，我也确实履行了这一职责（厂商需要将产品的设计理念饱含深情地传达给消费者，实际担任设计工作的设计师需要肩负起"传声筒"的责任，扮演发言人的角色）。

那么，关于 Prospex 系列，我讲了怎样的一个故事呢？

我本人也是一个潜水爱好者，所以，潜水表需要具备怎样的功能，潜水表对于潜水员来说意味着什么，这些我都了若指掌。

我初次接触潜水运动是在 20 世纪 90 年代初期，当时还没有潜水电脑表[1]。而潜水电脑表问世后，一部分潜水员便舍弃了传统的指针式潜水表，只将电脑表佩戴在左手手腕上。

但是，真正的潜水员，在佩戴电脑表的同时，一定会在右手手腕上再佩戴一块传统的潜水表。因为电脑表有时会出现失灵或电量不足的情况。

有过潜水经历的朋友们一定都清楚，在潜水运动中，最后的 5 分钟可以说是性命攸关的 5 分钟。

1　能够根据潜水员下潜的时间和深度，以及体内储存的氧气量来计算可在当前水深停留多少分钟的微型计算机。

上浮时，如果上升过快的话，压力的快速变化很容易引起潜水减压病。为避免这种危险，潜水员需要在水深 5 米处停留 5 分钟，这叫作"减压停留"或"安全停留"。能否熟练把握安全停留的水深和时间，是考验潜水员技能的重要指标。

若是潜水电脑表在上浮过程中出现故障，后果将不堪设想。因此，真正懂潜水的人，一定会在右手再佩戴一块指针式潜水表。

对于此次的 LX 款型，我的设计理念便落脚于这"戴在右手的潜水表"。

而且，在实际的潜水运动中，很少有人会佩戴劳力士或者欧米茄（OMEGA）这些知名品牌的潜水表。

潜水员们几乎清一色地选择了精工潜水表。这份沉甸甸的信任，是精工表的宝贵财富。

出人意料的是，在腕表界，很少有人意识到这一点。哪怕在精工制表公司内部，都有相当一部分员工并不清楚精工表对于潜水员的重大意义。

事实上，不管是业界还是市场，大部分人都仅仅把潜水表看作高级的时尚手表罢了。

在这样的背景下，我坚定地传递着一个声音："不是这样的。"

"潜水表不是简单的装饰品。直到现在，它依然是潜水员的保险栓，护佑着生死攸关的最后 5 分钟。平日里，它是戴在左手的生活必需品；潜水时，它是戴在右手的忠实队友。"

此话一出，会场一片沸腾。众人交口称赞："好故事，能用。"

一个能用的好故事，可以让厂家用作宣传，可以作为顾客饭后的谈资，让商品和品牌的形象更加丰满。

这也是为什么设计不能单单注重造型。如果只是"还蛮好看的"，那不足以撼动消费者的心弦。

不管是卖家还是买家，都需要一个刺激欲求（wants）的话题。欲求作为隐性需求，只有当设计师将它明确表达出来的时候，买卖双方才会意识到，原来这就是他们的欲求，这就是他们想要的东西。

在参加产品发布会时，我经常会费心思考，该给厂家和媒体提供怎样的话题。这也就是我们前文提到的"语言上的设计"。

造型上的美观的确是一项重要因素。但对于知名品牌和奢侈品牌来说，产品背后的故事是一定不能缺席的。

Chapter

6

究竟怎样进行
"商业设计"？

既然是"商业设计"，怎能不考虑"钱"？

在前面几章中，我主要聚焦最终的"产品"，从"语言""欲求""品牌""故事"等角度提出了一些建议。

那么，为了生产出这些产品，我们该如何经营整个产业呢？我把这个问题称作"商业设计"。

要进行"商业设计"，首先要清楚"如何获得收益"。

其实，设计咨询公司接到的一般都是浮于表面的造型设计的工作。**不过，以这些表面工作为契机，设计师可以逐渐赢得委托人的信任并深入到企业内部，然后就会发现企业在盈利模式上的问题，这可不是靠造型设计就能够解决的。**

拿我本人来说，接到商品设计的委托后，我和项目负责人的联络会逐渐增多。当双方关系进入到较为熟悉和信赖的阶段后，我会话锋一转，"事实上……"，然后指出该项目更深层次上的缺陷："**这项产品即使这样设计也是卖不出去的**""**要说为什么，因为贵公司并没有这方面的销路**""**收益率这么低，推出新产品也没办法提高营业额**"等。

通常情况下，负责人就会无奈表示，"确实如您所说。我和市场营销部为这事儿愁了好久……""咦？奥山先生，您还处理这方面的业务吗？"

我之所以能够指出对方在盈利模式上的缺陷，是因为我不仅考虑造型上如何设计，同时也掌握了该企业的很多运营信息，如财务报表、开发费用、公司结构等（在对某一企业有了如此深入的了解之后，就必然无法再与同行业的其他企业合作。因此，我们的原则是在同一行业仅接受一家企业的委托）。

因此，我才能给出"如果采用您说的这种造型，那么成本会变成预期的3倍""贵公司目前的结构体系非常不利于削减成本。如果不从结构改革入手的话，很难提升营业额"等意见。

委托人原本只想雇用我进行商品的造型设计，在听过我的意见和建议后，他们总会惊异地问："奥山先生，您还负责钱的事情吗？"

我的回答只有一个："**设计就是在设计钱。**"

从"盈利模式"逆向推导"设计方案"

那么，在实际操作过程中，我们该如何设计盈利模式呢？

有两个问题至关重要："利润率"和"收入来源"。

比如，我所供职的洋马公司原本以拖拉机等农业机械为主力商品，近几年却在教授农业知识等服务层面越来越花心思。

这主要是因为拖拉机这类商品的生产成本较高，而消费者的购买频率又较低，导致利润率不容乐观，甚至可能出现亏损。

很多朋友或许已经注意到，包括洋马在内的很多工业制造商渐渐地把经营重心从"商品"转移到了"服务"。"商品"只是个引子，与该商品相关的人工服务或产品体验才是重头戏。

就拿汽车厂家来讲，它们的主要收入来源不是车，而是车的售后服务和零部件。

汽车厂商没有在硬件方面顽固不化，而是在软件方面开动脑筋，让顾客感到"这家的汽车可以放心开""维修和保养方面不用操心"。另外，零部件的利润率要远高于汽车。

所以，哪怕汽车的销量不佳甚或下降，汽车厂也不会遭受太沉重的打击。

当消费者再次光顾某一汽车经销商时，对方通常会自然地叫出消费者的名字。这是由于很多经销商在服务方面颇下功夫，要求员工记住顾客的姓名。

顾客若是表现出一丝兴趣，店员就会热情地邀请顾客坐进车里亲身感受一下。顾客坐进车里后，出来接待顾客的通常不是推销员，而是机械师。

现在的信息科技如此发达，顾客可以自如地在网页上获取这款车的相关信息，不需要也不乐意听推销员的那套说辞。

这时，如果出现的是朴实的机械师，用略带油污的手递上名片，毫无隐瞒地介绍，"其实这款车这里稍微有一点不足""但是导航的配置实在是没得挑""之前和您说的那点缺陷可以通过这个零部件来弥补"等，顾客的好感度会直线上升。

所以，其实现在很多汽车厂商都在培训机械师的推销技能。

还是拿洋马公司来举例。为了充分发挥机械师的优势，洋马公司把各 4S 店的维修间改装成了透明的玻璃房间。

4S 店需要具备足够的亲民感，让顾客即使没什么事也愿意进来逛逛。为了吸引顾客的兴趣，洋马将机械师的工作场景完全公开，让顾客哪怕只是路过也能一览无余。

此外，我还建议洋马公司改造了 4S 店的车棚。

你想，如果顾客路过某 4S 店的时候，发现自己几周前送来维修的拖拉机依然泥迹斑斑停在外面，那顾客以后还会再次选择这家 4S 店吗？

有些地区的 4S 店甚至把拖拉机等农业机械往露天场地一丢，任其经受风吹日晒。我在巡视过洋马的 4S 店后，意识到这个问题非同小可，于是吩咐所有洋马旗下的 4S 店安装洗车装置，并确保每家店都有足够的车棚来安置车辆。

这也是以软件产品——"服务"为商品的案例。

在此基础上，洋马的 4S 店开拓了更广泛的业务，不再局限于单纯的农机具销售服务。

每家门店都开设了农业讲座，向农民讲解农业的相关知识，如怎样改良土壤，明年什么作物会畅销，如何拓宽销路等。

例如，农民们最烦心的莫过于每年的水稻插秧，针对这个问题，洋马提供了低价买卖秧苗、高效密苗机插等多种解决方案。

与此同时，为了给予农民更多的支持，洋马还尽力拓宽大米的销路。在当今社会，越来越多的人出现了小麦过敏的症状，为此，洋马研发出了米冻。这是一种以大米为原料的食材，可以用于制作面包、蛋糕、面条等面食，是普通面粉的完美替代品。

也就是说，洋马作为一家农业机械公司，不仅生产拖拉机，还举办讲座，甚至还销售食材。

于是，农民在购买了洋马拖拉机后，出现故障的话就送到4S店维修；劳作中遇到困难的话就去4S店找农业技术人员商量；粮食卖不出去的话就拜托4S店找销路；需要其他农业机械的话再到4S店购买。

这一整套流程，就是我们所说的"商业设计"。

其出发点只是拖拉机的销售，以此反推，才有了现在的完整画面。

所以，要想做生意，必须事先想好："我到底想卖什么？"有了这一风向标，才能考虑接下来的店铺设计、产品设计、员工培训等工作。

若是没有风向标，只是单纯地委托我进行产品的造型设计，我就不得不回答："哪怕设计出来，也卖不出去哟。"

如何培养问题意识？

在前面几节里，我讲到了"商业设计"中必须考虑"钱"，并且概括性地介绍了制造业近几年出现的变化。

接下来，我们需要思考的是，在"商业设计"的过程中，究竟该如何寻找解决方案？有哪些必不可少的步骤？

我认为，至关重要的一点在于"问题意识"。

很多人觉得，当某企业或机构面临问题时，从设计的角度为该问题提供解决方案，这便是设计师的工作。事实上，如果问题已经很明确了，那么寻找解决方案并不是什么难事。

真正困难的是发现问题。要想找到问题点，就必须同时具备追本溯源和放眼未来的能力。

换句话说，寻找并发现潜藏的问题，是进行"商业设计"的必要前提，也是商业人士和设计师的首要任务。

为此，就必须养成带着问题意识观察周围事物的习惯。各位还记得本书一开始就抛出的电梯的例子吗？

作为一名设计师，要时常以好奇的眼光观察整个社会环境，思考当前的社会中存在哪些问题，如果让自己来解决的话可以采取怎样的办法，并将这些模拟方案在头脑中分门别类地储存下来，以备日后工作之需。

当实际接到设计任务时，设计师要依靠的既不是网络上的繁杂信息，也不是系统的市场调研，而是头脑中日积月累的模拟方案。以这些模拟方案为基石，设计师可以先对问题的解决方案提出假说，再以该假说为轴心进行后续思考。

首先要有一个可以作为轴心的假说，然后才能进行资料搜集、问卷调查等工作。如果没有假说作为轴心，那么设计师的头脑就犹如一张白纸，思维在上面左右游走，耗费不必要的时间。

必须明确"谁是真正的顾客"

在日常生活中发现问题，积累相应的模拟方案，这是进行"商业设计"的前提。在此基础上，下一步是明确"谁是真正的顾客"。

这个步骤看似理所当然，却让很多人栽了跟头。

从表面上看，发布任务的委托人是顾客；如果是公司内部分配任务的话，那么上级领导就是顾客。其实不然。真正的顾客是实际购买或使用最终开发出来的商品或服务的消费者。

若是只看客户或老板的脸色行事，产品研发就会走入歧途。

"企业对顾客"（Business to Customer）的商务模式还比较易于锁定顾客，但"企业对企业"（Business to Business）的模式更为复杂，需要进一步把握对象企业背后的另一家企业或其他消费者。

让我们来举个例子。我曾为 JR 东日本铁路公司设计山手线的新型列车，由位于新潟县的 JR 东日本铁路分公司负责制造生产。

在和分公司的研发团队讨论方案时，我发现我们对于"顾客"的定位并不一致。

我所认为的"顾客"是实际乘坐山手线列车出行的乘客；分公司的员工们却认为是 JR 东日本铁路公司的列车司机和乘务人员。

于是，他们更注重如何让列车司机和乘务人员更加舒适和方便，而没有把乘客的出行体验放在第一位。

我感到事情有点不妙，就问："在座有多少人坐过山手线列车？"结果，居然一个人都没有。

因此我提议道："下周我们一起去体验一下吧。"

现在回过头来想想，那次实际体验真是太有效了。

一行人从进站乘车到下车出站，有了一系列的发现。有些是新变化，比如站台上新设了屏蔽门，列车内新安装了数字显示屏等；有些是需解决的问题，比如车内的英文标识不足，长座椅上有必要标明座位的分界线，到站提醒应更加明确等。

这些发现也确实应用到了我们的最终方案里。

对于开展"企业对企业"模式的厂商来说，这点至关重要：必须看到对象企业背后的消费者。如果缺乏对"顾客"的清醒认识，那么企业运营很可能会深陷泥潭。无法满足"真正顾客"的需要，也就无法让对象企业满意。

要想解决这个难题，设计师可以用"面向顾客"（to customer）的商品进行市场调研，根据获得的结果来修改"面向企业"（to business）的商品设计方案。

"面向顾客"的商业模式的确很烦琐，需要考虑店面、销路、广告宣传、人才招揽等多方面要素。但若能获得"顾客"的相关信息，这一切的努力都是值得的。

并且，"面向顾客"的商业模式更容易提高品牌价值，使得厂商不必在大宗商品的价格战中疲于奔命。

在"企业对企业"的商务模式中，日本厂商经常连企业名称或品牌名称都不挂出来，简直是甘为人梯默默奉献的典范。

这样一来，不仅在消费者群体中的口碑不会提高，在企业群体中的优势也难以显现。不管是面向顾客还是面向企业，一定要把自家的品牌名和企业名清楚明白地展现出来。

在这方面，欧美企业做了很好的典范。如意大利的制动器生产厂布雷博（Brembo）和轮胎制造商倍耐力（Pirelli），以及美国的半导体芯片制造商英特尔（Intel）等，它们在"面向顾客"

的市场上享有很高的知名度，因此也提高了在"面向企业"的市场上的地位。

从某种意义上来说，越是"面向企业"的企业，越应该把"顾客"摆在优先地位。

根据"现场"调整模拟方案

为了设计新型列车而去实际乘坐山手线，这就是去"现场"进行实地考察。

我将这种习惯称为"现场主义"。通过实地考察来检验头脑中的模拟方案是否合适，经调整后再应用于商品的实际研发。

设计灵感不会凭空出现，它们都藏在现场里。

第 3 章也提到过，我在工作过程中一定会多次前往现场，比如洋马的概念拖拉机的灵感就源自现场。

到原材料产地和供应商谈天，到工厂和技术人员讨论，到商店和店员及顾客攀谈；通过聆听现场的声音，设计师自然会明白问题躲在哪里，哪些难关需要攻克。

现代企业的习惯是每当需要开发新产品，就去做市场调研。调查问卷的结果呀，行业现状呀，市场动向呀，等等，把一箩筐的信息都装进调研报告里，超过 100 页都不稀奇。

我没有不尊重市场调研的意思，但仅凭一份调研报告，我们无法对所处状况有准确、细致的把握。

让我们来打个比方。假设某企业要开发新的洗衣机并做了市场调研，报告中囊括 1 万份调研样本。

这些样本是以使用洗衣机的消费者以及制造洗衣机的员工为对象进行的问卷调查。

在浏览过这些数据后，我会前往生产和销售的现场，因为数据无法反映出人类的真情实感。

有 1 万件样本，那我就和 100 个人见面、交谈。

在这个过程中，一定要充分发动所有感官：用眼睛去看，用耳朵去听，用鼻子去嗅，用嘴巴去尝，用肌肤去感触……

带着实际感受到的信息再去阅读市场调研报告，就能感受到数字背后的深层含义。

有意思的是，以现场感受到的信息为基础重新审视调研数据，我可以想象到没有实际见面的另外 9900 件样本的情况，甚至能够描绘出他们的生活图景。

比如我会想："这个人现在自己还没有意识到，但是几年后他就会需要这样的东西。"

极端案例不可丢

对于"现场主义"，一定不乏批评意见："只掌握一部分样本，不是更难把控全局吗？""这种做法无异于管中窥豹，风险太大了"等。

如果只集中于某类样本的话，那的确像以上批评意见所说，对于情况的掌握太过片面。

但"片面"和"极端"并不是同一个概念。拿学生成绩来讲，如果只抽取平均分上下的学生来了解授课状况，其结果自然是非常片面的。

"极端案例"虽极端，却万不可割舍。事实上，极端案例更有可能引出开创性的设计方案。

而平均线上的案例虽然数量众多，却难以带来新课题。

所以，我在为洋马设计新的农业机械时，既要去美国中西部地区的超大规模农场考察，也要去印度尼西亚和泰国的超小型农场参观。

既要听听自购农机具的农民的意见，也要询问租用农机具的农民的建议。

我能够理解一部分人对于"以一知百"的警惕心理，但与此同时，我笃信"以一推百"是人类特有的才能。而为了"知一"，就必须迈开腿往现场跑。

市场调研通常在新品发售的几年前完成，到真正发售的时候，那些数据是否有效还得另说。与其盯着屏幕上毫无波澜的数字，不如到现场收集实情更能"知百"。

如何想出"好点子"？

在上文中，我介绍了"从盈利模式逆向推导"的设计视角，并梳理了"具备问题意识，发现日常生活中的潜藏课题"——"积累解决问题的模拟方案"——"基于现场调整模拟方案"的行动步骤。

当然，在每一个步骤中，还有"语言上的设计"的加盟。

下一步，就要在商品造型等更具体的层面想出"好点子"，也就是我们常说的"构思"。

这时可千万不能等着"天上掉馅饼",灵感是不会自动闪现出来的。想法就在我们的脑子里,可是它如碎片一样散落各处,我们必须绞尽脑汁,把它以某种方式呈现出来。

我个人最推荐的做法是,一张纸一支笔,将目前的想法动手"画"出来。

或许会有人说,"现在这个社会,不会画画也没什么吧。"这种说法的确没错,但手绘依然有难以取代的优势。所以,哪怕你只是稍微懂点绘画,我也希望你能尝试这个做法。

实际操作的时候你会发现,在动手描绘的过程中,那些原本漫无目的地徘徊在脑中的碎片,会渐渐地结合在一起,形成一个大致的轮廓,并不断清晰起来。

起初,可能连你自己都不知道自己想表达什么。但是,随着笔尖在纸上游走,脑中的想法不断被归类、梳理、推翻、再梳理,最终"灵机一动",召唤出"偶然的灵感"(第2章的"'设计'需要一个过程,而非源自某一瞬间"一节中也提到,对我来说,要想顺理成章地获得"偶然的灵感",其中一个办法就是动手把想法画出来)。

尽管精细度较差,但手绘最大的优点在于,手可能在主人意想不到的地方突然画上一笔,带来某种惊喜。

当然，百分之九十的情况都是胡乱涂抹，派不上什么用场。但偶尔会出现"嘿，有点儿意思"的情况，这就值了。

在设计行业里经常会听到"创造力"这个词。很多人都认为所谓创造力就是要有独创性和创新性（我当然不否认这些观点），但在我看来，创造力是以自己的思考为前提，在超越自身思考的某个地方，抓住偶然产生的好点子的能力。

那么如何才能促使这种"偶然"发生呢？其中一个办法就是动手描绘。

当然，有些工作内容并不适合手绘，可能需要用文章来表述或通过小组讨论来碰撞出火花。**总之，我想强调的是设计师需要超越自己原本的能力范畴，通过偶然性来激发潜在的创造力。为此，每个设计师都要找到适合自己的途径。**

比如，写文章也常常能帮助我们整理思维的碎片，带来意外收获。

各位可以回想一下学生时代写作文的经历。很少有人能够落笔成章，一气呵成。起先的时候我们并不清楚自己想写什么，总之先想到哪里写到哪里，当发现这里不对那里不行的时候再随时修改，一步步朝着最终成果靠近。

在书写的过程当中，书写者或许思路逐渐清晰，搭建起总提纲；或许对某一段落意犹未尽，找到新的课题。

总的来说，为了获得"好点子"，设计师需要超越自己原本的思考范畴。要做到这一点，可以尝试先动手把想法表现出来。

"构思过程"不能缩水

关于"构思"，我还想多说几句。

日本的商业人士和设计师经常出现一个误区，那就是把构思过程草草收场，尽快转移到运用数字软件将方案具象化的阶段。

要知道，构思过程中很重要的一步在于，将头脑中的想法以绘画或文章的形式大致表现出来之后，以客观的眼光再度审视这些想法。

在最初阶段绘制的图画或写就的文章，对于苦思冥想的设计师来说是圣经般的存在。

彷徨时，受挫时，都要以它为依靠。

有了这本圣经，设计师就可以回忆起最原始的设计思路，思索情况发生了哪些变化，以探寻相应的解决措施。

我经常嘱咐我的员工，最开始画的那幅图，哪怕已经破破烂烂了也要留着。

那张纸上不仅承载着弯弯曲曲的线条，还浸润着作者的思考过程、动笔时的心境、当初的企业状况等各种各样的信息。

在产品开发遇到瓶颈时，只要找回这张图，就能找回初心，重新探讨。

因此，每当遭遇难关，我就让我的员工们把最原始的设计图拿出来，再度琢磨。

时刻准备着→该放手时就放手

构思过程惨遭缩水的另一个原因在于，很多人都认为"灵感是可遇不可求的东西"。

这话可就有偷懒的嫌疑了。正在阅读本书的朋友，千万不要有这种想法。至少从我的经验来说，灵感是不可能从天而降的。

或许会有人说，我就遇到过灵光突现的情况。那不是灵光突现，是你的大脑的某个部分依然在持续思考这个课题，并最终给出了答案。

所以，与其说是"突现"，不如说是"（看似）突现的必然结果"。

构思的目的就是刺激"偶然"的产生，或者说召唤"偶然"的出现。当然了，如果意识不到"偶然"降临的话一切都是徒劳。

"偶然"其实并不高冷，它会在各个地方朝人们招手。但是很多情况下，人们总是忽视"偶然"的存在。要抓住"偶然"的机遇，就需要时刻保持前文强调的"问题意识"，带着强烈的好奇心去观察生活，随时做好捕捉"偶然"的准备。

法国著名微生物学家路易斯·巴斯德（Louis Pasteur）说过，"机会总是留给有准备的人"，这句话各位不陌生吧。

如果房子里乱糟糟的，主人丝毫没有做好准备，那么机会也不会来敲门的。

为此，就像积累模拟方案一样，构思也是需要素材储备的。比如，先画1万张草图，或者先写上1万字的文稿等。

总之，不管当事人是否自觉，在勤动手勤动脑的过程中，思路会逐日积累，最终搭建起思维的大厦。所以说，构思过程一定是耗时间的过程，急不得。

还有一个因素使得构思过程耗时较长，那就是我们必须设置一段"遗忘期"。

遗忘什么？怎么遗忘？为什么要遗忘？

如果我们整日紧咬着一个思路不放，那其他点子就不会冒出来。

把一个想法用图画或文字的形式记录下来之后，我们就可以将它暂时放一放，换个思路想想不同方案。

最初的想法也不是完全抛到了脑后。乍一看，我们似乎把它忘记了；但其实，它就在我们大脑的某个地方待命。当我们看到或听到什么相关信息时，它又会噌的一声跳出来，吸收自己需要的营养。

这样，当我们再次见到它时，这个想法的精细度和可靠度都会比原始版本大大增强。所以说，该放手时就放手，不能原地死磕。

比如，把画好的草图收起来，留出一周的时间不去想它，一周后再把相关资料重新贴到墙上，仔细端详。

这样一来，你可能就会意识到当初没能看到的问题，像是不足之处或可改进的地方等。这种查漏补缺对于构思过程来讲十分重要。

为此，必须留出一段"遗忘期"。

我之所以讲必须给予构思过程足够的时间，一是因为构思本身需要一定的时间，二是因为要留出"遗忘"的时间，这样才能用客观的眼光再度审视和评估原始方案。

三个臭皮匠，赛过诸葛亮

不管是构思还是实际操作，小组讨论一般是必不可少的。

有些讨论会的存在意义的确需要打个问号，但从原则上来讲，小组讨论确实有益于发散思维、迸溅灵感。

老话说得好，"三个臭皮匠，赛过诸葛亮"。几个人一起讨论，总能拿出更全面、更有效的方案。

关于如何让小组讨论更高效、更顺畅，市场上已经有不少相关书籍，我在此无须赘言。但我依然想提几个实际工作过程中容易忽视的问题。

在我看来，小组讨论可大致分为两种。

一种是单纯的信息共享，发言者将收集到的信息分享给各位成员即可。

另一种更为复杂，要针对课题进行讨论，找出问题的所在及其本质。

这第二种小组讨论，就像医生对患者进行"问诊"。

参会人员需要对其他成员提出问题，根据其回答判断此番课题的"症状"；或者向委托人提问，从而找到问题的根本所在。

若是问题切中要害，那么提问者自然能够从对方的回答中获得诊治的思路。

此外，很多人都忽视了参会人数与讨论效果的关系。人数不宜太多，以我的经验来讲，5 人讨论是最理想的状态。

20 世纪的著名建筑大师勒·柯布西耶 (Le Corbusier) 也曾说过，自己不和 6 个以上的人一起工作。事实上，小组讨论如果多于 5 个人，那么与会人员很可能不是在集中精力探讨问题，而是拉帮结派争夺会议的主导权。

不过，人数也不是越少越好。

若是只有 2 个人，会议可能会以双方的互相吹捧而告终。

若是 3 个人，那么很快就会形成 2:1 的实力不均衡局面。

若是 4 个人呢，2:2 的平均分割局面又很难产出讨论结果。

若是 5 个人，便可以最大限度避免以上情况，将会议的焦点集中在对课题的讨论上。

关于小组讨论，我还有最后一点想强调：一定要邀请口无遮拦、天马行空的"极端分子"参加。

为了让谈话顺利进行，主办方可能倾向于邀请志同道合的人员参加讨论。但那样的话，就不会出现崭新的观点或惊人的创意了。

把"极端分子"吸纳进来，增加参会人员的多样性，将更有助于刺激"偶然"的产生。

在构思过程中，大部分步骤都是在为"偶然"的降临而搭桥铺路。

用"视觉化手段"来共享信息

完成构思阶段后，产品开发的其他相关人员会不断加入设计团队，进入"众人拾柴火焰高"的团队协作阶段。在这个阶段，"视觉化手段"大有作为。

就像构思时最好动手把想法描绘出来那样，团队协作的过程中也需要充分发挥图像的优势。

人类在很大程度上依靠视觉来生活。在 5 种感官（视觉、听觉、嗅觉、味觉、触觉）中，人类通过视觉获得的外界信息占比最多，有数据称甚至能达到 87%。

前文多次强调，语言上的设计是根基，明确的设计理念是一切设计工作的前提。在此基础上，若论展示或传递自己的理念，还是图像具有压倒性的优势，可以更快、更易懂地表达内容。

哪怕是写企划书，如果穿插一些思维导图之类的图片，会更有利于引导读者关注细节，加深对课题的理解。

快速传递信息，是视觉化手段的强项。

甚至，图像还可以打破语言的壁垒，成为"世界共通的语言"。

毕竟，在文字被发明出来以前，人类一直靠图画来交流。

采用视觉化手段的目的之一，就是让参会人员通过一张图来快速把握项目的主题或方案的主线。

因此，在会议中，图像其实是一种沟通手段。

我本人也经常在会议资料中准备一些图片，甚至在开会时当场画图来传达我的想法。**通过把会话内容转换为图像，信息共享变得简便而快捷。**

参会人员只需掏出手机拍个照，就可以回家继续考虑，或者拿去给其他工作人员做参考。

"视觉化"宜早不宜迟

随着产品研发项目的不断推进，越来越多的部门和人员加入进来，成员之间的矛盾也随之增多。为化解这些矛盾，就需要召集众人开会。在通常情况下，会议派发的都是文字资料。

若参会人员当场就能读完并读懂这些资料，那自然是好事，但大多数情况下这是不可能的。

而如果用图像的形式将会议内容视觉化，就能快速且准确地辨别出各成员的意见不同之处。

若是在项目早期发现并化解这些矛盾，那大家笑笑也就过去了。可若是方案已经投入生产半年了，研发经费也花出去好几百万了，这时再亡羊补牢，大家的脸色恐怕都不会好看。

因此，视觉化手段越早采取越好。

在丰富的视觉化手段当中，我尤其推荐制作视频。

各位可能会纳闷，视频不是等商品出炉之后用在发布会上的吗？那种视频是给公司外部人员看的，我这里所指的视频是给设计团队或相关部门看的。

这种视频不用太长，10分钟左右，简单讲述商品的基本信息和使用场景等即可。

就拿汽车来讲，视频里不需要面面俱到地介绍汽车内外的造型设计，只要表达清楚是为怎样的顾客进行设计，预计在什么样的场景下使用就可以了。

团队成员在看过视频后，就可以对目标产品有整体的感知和把握。

再者说，现在的年轻人都喜欢自己拍个小视频上传到网络平台，对他们来说，视频比文字更具亲和力。

制作"样品"的注意事项

顺着视觉化的思路，我想请各位对数字化软件提起警惕。

产品开发的流程一般是构思—团队协作—方案实施—产品发布。其中，方案实施阶段是将设计师的灵感或众人讨论后的方案具象化的阶段。**在这个过程中，如果过早使用数字化软件进行精确处理，很容易导致后期进入胶着状态。**

许多讲设计的书都建议读者尽早制作"样品"，我对此持谨慎态度。

方案在实施过程中一定会经历大大小小的调整和修改。**使用数字化软件搭建的样品一般精细度较高，各处细节都需要提前设定好。这样一来，后期哪怕只想进行部分调整，也会对样品整体造成极大的变动**（举个例子，在建房子时如果太早决定房屋尺寸等细节，那么后期如果想调整厨房位置或改变门口朝向等，稍一改动就会导致房屋模型的整体倒塌，到头来只能重新设计，之前的辛苦全都白费了）。

另外，从人类的性格来讲，当面对一件十分完整且逼真的样品时，尽管当事人心里清楚这是仍需调整的样品，却依然容易以此为基准考虑后续工作。

毕竟是自己耗时费力的成果，作者很难从"孩子都是自家的好"的状态中走出来。

要知道，虽说数字化软件节省了不少人力，但样品制作依然要花费大量的时间和金钱，谁都不愿意推翻重来。

这就造成众人都把"样品"当成"实物"，以此为基准来安排后续事宜，失去了获得更佳方案的机会。

所以我才强调，在构思阶段，只要动手画出个大概就可以了，要给大脑留出想象的余地。数字化软件还是稍后再出场为好。

让小组讨论更高效

构思完成了，视觉化图像也准备好了，接下来的问题是如何开展小组讨论。

我就直说了，我认为大多数公司开会的时间太长，次数太多。

信息共享的确很有必要，但那些所谓统一思路的会议还是少开吧。很多会议只是流于形式，根本就是在浪费时间和人力。

为了开会，各成员花很多时间准备发言材料，反倒没时间推进本职工作了，这不是本末倒置吗？

要想提高小组讨论的效率，一要降低频率，二要将会议主题集中在真正有意义的课题上。

经常有人提议说："我们定期开例会吧，不用拘泥于主题，大家把各自进度汇报一下就好。"对于这种提议，我是断然拒绝的。毕竟，哪有那么多闲工夫。

此外，有些人在开会时动辄拿出二三十页的资料分发给大家，或者滚动着漫长的幻灯片讲上一个多小时，我认为这些都是在浪费时间和精力，不管是对发言者本人来说，还是对听众来说。

日本人对于会议发言有一个误区，总认为资料越详尽，证明自己工作完成得越好。

但是，工作完成得好不好并不体现在资料厚度这么肤浅的事情上。真正过硬的工作汇报是凝练出几条坚实的要点，让听众连连点头甚至大为赞赏。

另外，日本公司在开会时，很多人保持沉默，一言不发（为了避免这种情况，还是缩小会议规模为好，如上文提到的 5 人）。

我在意大利工作时，要是参会的时候什么都不说，别人就会想，"这人干吗来了？"，然后下次开会就不会再叫上我了。

不管你带着多漂亮的设计方案去参会，如果会上一声不响的话，以后肯定就接不到工作了。所以，平日里要多留心，积累话题和想法，千方百计也要在会上说些什么，千万不要迷信"沉默是金"。

不过，也不能胡乱说些和会议主题无关的话，那样依然会被排斥在外。

有些读者可能会为此对讨论会产生畏惧心理，但我们换个角度想想，这种紧张的氛围对商业人士和设计师来说也不失为很好的锻炼机会。

"会议记录"的存在意义

关于小组讨论，我想再强调一下"会议记录"的重要性。

近几年，随着全球化的不断推进，参会成员常常来自世界各地，用英语开会已经不是什么新鲜事了。

很多时候，开会时觉得自己大概明白对方在说些什么，其实并没有真正理解对方的发言内容。

这就很容易造成之后协作中的矛盾。

为了避免这种情况，参会人员最好各自整理会议记录，写下会上讨论的内容或取得的共识，然后互相交换，确认自己的理解是否准确。

顺便提一下，会议记录要由参会人员亲自整理，而不是抛给秘书或助理。

很多日本人去参会的时候习惯带上助理，让助理负责记录会议内容，甚至有些会议会专门配备记录人员。这太浪费人力了，还是由参会人员自己记录为好，同时也有助于控制参会人数。

我在意大利的宾尼法利纳公司供职时，会议上经常是三四种语言满天飞。所以，我对会议记录的重要性刻骨铭心。

为了让讨论更有意义，我们当时设定了一个规矩，那就是会议结束后每个人都要将当天内容整理成众人都能看懂的英语文稿，然后互相交换确认。

会议记录为什么这么重要呢？因为从原则上来讲，"对方并没有听明白我在说什么"。

大部分日本人都觉得"我只要说了，对方就能听懂"。但实际上，"即使说了，对方也听不懂"的情况更多。

我在美国工作的时候，公司里的老前辈告诫我，自己说的话最多有50%能传达给对方。到了意大利，同事们纷纷告诉我，有70%的信息都会夭折。

所以说，日本人对"话语"寄予了过高的期待。认为对方能够100%理解自己说的话，这本身就是一个巨大的错误。

这种情况不仅出现在母语不同的交谈者之间，哪怕是日本人之间的对话也是同理。很多人觉得，你我都是日本人，说的又都是日语，那还有什么听不明白的呢？事实并非如此。好好确认一下，就会发现居然有好多出错的地方。

"倾听者"的立场

阿川佐和子女士写过一本书叫作《倾听的力量》，指出人与人在交流时，不仅要努力传达自己的想法，更要认真倾听对方的话语。**很多时候，倾听比倾诉更加重要。**

倾诉，从某种意义上来讲，其实很简单。

而从对方口中引出话来，认真听完并听懂对方的想法，却比想象中要难得多。这也是为什么医学界要专门设立"问诊"学科，为什么护理界一再强调倾听病人的诉求。

举个更接地气的例子，各位小时候应该都和爷爷奶奶要过零花钱吧。可是在张嘴要钱之前，首先得耐着性子听爷爷奶奶一通唠叨。

越是大家庭里长大的人，越擅长这种交涉。

阿川佐和子女士有时以倾听者的身份出演电视节目，我发现，**为了鼓励对方开口，她总会抛出一些刺激性的、挑衅性的问题。**这是她作为倾听者的手段之一，也是我深受启发并试图模仿的地方。

我们还可以反过来想，作为发言的一方，如何才能让听者愿意听，并且容易听懂呢？这就需要我们设身处地站在"倾听者"的立场考虑问题。

这和本书之后要讲的"如何进行工作展示或工作汇报"也有着密切的联系。即使是面对设计团队或委托方进行发言，也要想象面前坐着的是实际购买或使用该商品或服务的消费者。

发言者要根据听众调整自己的说话内容。在介绍商品时，发言者需要思考谁是潜在的顾客、顾客处在怎样的社会环境中、他们期待怎样的产品等，在此基础上整理资料并梳理思路，把顾客感兴趣的"商品背后的故事"以生动易懂的方式传达给听众。

只有认真倾听对方的话语，并站在倾听者的立场进行发言，才能推动人与人之间的交流顺畅进行。

你真的知道自己"想说什么"吗？

在讲了如何构思、如何视觉化、如何交流之后，我们来看看如何进行工作展示或工作汇报（Presentation）。

这方面的参考书、博客、攻略等已经不胜枚举。

甚至有些咨询公司还提供现场模拟和资料代整理等服务。

我不否认技巧的重要性。

但若是过度依赖技巧，就要出问题了。

所谓"展示"，是将自己的成果展现给他人的一种手段。如果成果本身毫无魅力可言，那么在展示过程中运用再多技巧也无济于事，听众根本不会买账。

所以说，"展示"的重点不在于"如何展示"，**而在于"展示什么"。**

若是产品一无是处，那还展示什么呢？岂不成了夸大其词的广告？搞不好还会被骂"骗子"。

正因为这样，尽管 TED（Technology,Entertainment,Design）在日本备受追捧，我却始终持怀疑态度。TED 的名称里本就带有 Entertainment（娱乐）一词，它其实更偏向于一种"表演"，而不是纯粹的"演讲"。在最为关键的"展示什么"的问题上，TED 的视角仍有很大缺陷。

尽管如此，日本人依然把 TED 奉为"震撼世界的演讲"，为发言者的演说技巧而倾倒。这可能也从侧面说明了，日本人实在是不擅长展示或演讲吧。

英语圈对日本人展示能力的评价很低。作为日本人，我也觉得我们的展示能力确实不强，甚至说得上是"笨拙"。

究其原因，主要在于日本人不知道自己真正想传达的是什么。发言者只是作为公司代表在听众面前说着自己该说的话，却不知道自己作为一个独立的人真正想说什么。

日本的商业人士在展示过程中通常有一个致命的缺陷：没有自信。没有"我们的商品有这样那样的优点，我要把这些优点讲给你们听"的那种自信。

他们只是僵硬地站在台上，拼命讲述公司理念、工作方针等死气沉沉的话题。而听众真正感兴趣的，是这家公司或品牌有哪些独到的魅力，公司员工出于怎样的想法设计了这款产品。

反过来讲，日本人可能是太为"听众"考虑了，所以在展示过程中表现得束手束脚。其实大可不必，尽可以堂堂正正地阐述自己的想法。

"我作为生产者，以我个人的身份，想要传达这些内容。如果听众无法接受，那是他们的问题。"要抱有这样强大的信念，坚定地表述自己的见解。然后，你会惊讶地发现，其实对方欣然接受。

新时代的展示：从"商品"到"故事"

上一节讲到，在开口说话前，一定要明确自己真正想说的是什么；不要过多顾虑听众的看法，尽可胸有成竹地宣扬自家产品的魅力。

之所以这么说，是因为若没有坚实的内容，哪怕使用再多的展示技巧，也只能搭个空架子。**日本人容易重技巧而轻内涵，因此我把这个问题作为大前提来进行说明。不过，在有了一些展示的经验后，为了提升至更高的阶段，我们还是有必要在技巧上费些功夫。**

现在，数字化软件已经成为产品展示的必备工具，如3D建模、全息影像等，其精细度令人叹为观止。

毕竟，展示方式越形象、越具体，产品就越容易被委托方及消费者接受。

不过，有一个问题必须要搞清楚：对象是谁？

面向设计团队或机械师做展示，与面向委托方的负责人或普通的消费者做展示，二者的内容肯定是不一样的。

若是前者，说得极端点，在纸上写写画画就够了。

可若是后者，就得费心打磨。

我见过很多发言人花大力气向消费者讲解产品的规格和造型设计。但坦率讲，普通人是无法领会其魅力所在的，听起来更像是厂家在自弹自唱。

各位还记得我在第 5 章百般强调的"商品背后的故事"吗？当代消费者注重的不仅是商品本身，还有商品所蕴含的深意。因此，在面对消费者做展示时，应当把更多的精力花在"讲故事"上面。

而且，对于普通大众来讲，第一印象很重要。因此，发言者在遣词造句、口齿清晰、感情充沛等方面也万不可掉以轻心。

否则，发言者的失误可能会导致产品的宣传力度不足，最终失去消费者的青睐。

所以，在构思和小组讨论阶段千万不能心急，必须花时间仔细雕琢展示用的模型和文稿，心急吃不了热豆腐。

从我的经验来讲，展示的准备工作是商业设计的重头戏之一，其比重几乎占到整个项目的三成。

我还要再补充一点。**不管是董事长还是总经理抑或是项目负责人，只要登台演讲的那个人是你，那你最好自己准备发言稿，而不是推给手下的员工。**如果不是亲自推敲每个词句，那最终的文稿很可能不尽如人意。

国外的总经理都是自己写稿，甚至展示内容也是自己搜集材料。换个角度讲，这些工作如果都推给员工的话，那员工哪儿还有时间做自己的工作呢？

若真有管理者如此浪费公司的人力资源，那他实在是不称职。

如果不自己写稿，就无法写出符合自己语言习惯的话语，在展示过程中也就缺乏打动人心的力量。

而如果管理者自己写稿，他就能切身体会到撰稿的不易，更能体恤下属，也有利于推进公司的行政改革。

重视顾客体验，提升服务质量

让我们来梳理一下到目前为止的本章重点：

1. 企业应首先确定最终目标（如想销售怎样的商品、想推出怎样的服务等），然后逆向推导如何拓展销路等具体流程；

2. 要时刻保持问题意识，在日常生活中寻找课题，并积累模拟方案；

3. 在构思过程中平心静气，不急躁，尽力挖掘更有意思的方案；

4. 使用视觉化手段来共享信息，进行高效的小组讨论；

5. 在保证内容扎实的基础上灵活运用技巧，让商品展示生动活泼，吸人眼球。

这些只是普遍意义上的建议，具体情况还需具体分析。

上一节提到，当今时代，销售的重心已经从"商品"转移到了"故事"。随之而来的，是"顾客体验"越来越不容忽视。本节中，我将主要谈一谈如何进行"顾客体验与服务设计"。

说到产品，大部分人脑海中浮现出来的都是工厂生产出来的"实物"。那么若是无形的产品呢？比如，服务该怎么设计呢？如何处理"商品"和"服务"之间的关系？

在设计服务时，有几个问题要事先想清楚：消费者将如何利用这项服务？这项服务会给消费者的生活带来怎样的变化？消费者接受这项服务后可能产生怎样的反馈？

在这些问题之上还有一个大前提：消费者将通过何种渠道首次接触这项服务？

有人可能通过专卖店，有人通过代理商，有人通过公司官网，还有人通过拨打电话。

不同的渠道会导向不同的顾客体验，这一前提几乎能够覆盖整个设计流程。

本章伊始举过汽车经销商的例子。很多消费者选择直接到 4S 店购车，**这样一来，顾客在 4S 店的体验就成为提升汽车销量的关键。**

厂商在锁定消费者的购买渠道后，思考顾客在购买过程中会经历怎样的过程，据此来设计购物环境等顾客体验。

而且，厂商不应满足于提升现有渠道的顾客体验，还应发散思维，为顾客创造新的消费渠道。

例如，2019 年的 4 月至 10 月，洋马公司在东京站前的小广场上开设了名为"THE FARM TOKYO"（东京农场）的啤酒露台 & 烘焙咖啡厅。

上文讲过，农民们在购买了洋马农机具之后，还可以享受洋马公司提供的农业上的帮助，如开展农业知识讲座、拓宽农产品销路等。"THE FARM TOKYO"便是洋马公司向社会推销"米冻"的媒介和渠道。

洋马公司开设的"THE FARM TOKYO"

"THE FARM TOKYO"不仅提供试吃等服务，还举办丰富多彩的文艺演出，增进生产者与消费者之间的联系。这是洋马公司为加快从"面向企业"到"面向顾客"的模式转型而创造新渠道的大胆尝试。

在东京的市中心开设以农场为主题的餐厅，对比鲜明，极具亮点。"THE FARM TOKYO"展现了"食物·自然·人"的完美融合，各大媒体争相报道，从早到晚客流不断，反响十分热烈。

如此高调的尝试会带来很有意思的效果：不仅能够提高该品牌在消费者间的知名度，还可以让员工意识到自家企业的发展路线。

这样一来，员工会涌现出更多的金点子，来帮助企业开发新的商品和服务。

对于企业来说，只有先选定宏观的发展路线，才能对微观的具体事务有更清晰的把握，如每年需要生产多少件产品，要保证多高的营业额和利润率，是否应设立更多的售后网点等。

如何提高顾客体验，是每一家新时代企业都必须思考的问题。

改变业态的商业设计

在讲完"顾客体验"后，我们趁热打铁看一个将顾客体验、品牌打造、挖掘故事、提高收益等要素都囊括进来的综合性案例。

各位对铁路行业是怎样的印象？大部分人都认为它是运输业吧。要是放在以前，这么说的确没问题。但现在时代变了，它其实更偏向服务业。

日本的铁路行业以其先进的技术和严格的管理享誉全球，能够完全依照列车时刻表出发和抵达。**不过，安全、及时地运送旅客和货物是分内之事，铁路公司不可能靠火车票来维持运营。**

从实际情况来讲，铁路公司的大部分收益来自运输之外的周边产业，如旅馆、商店等。也就是说，主要靠提供服务来盈利。

但是，各铁路公司并没有真正把握住这一行业走向。

对于铁路行业，我一直在思考，如何通过商业设计将运输和服务结合起来，将铁路公司定位于服务业。

这一设想以 JR 东日本铁路公司的豪华卧铺观光列车"Train Suite 四季岛"（以下简称"四季岛"列车）为载体，终于得以实现。

"四季岛"列车自 2017 年 5 月 1 日开始运行，由 10 节车厢组成，可承载 34 名旅客。

行驶路线分为 3 条：一条历时两天一夜，从上野到盐山，经姨舍至会津若松；另一条历时三天两夜，从白石经松岛前往青森，回程经过鸣子温泉；还有一条历时四天三夜，从日光经函馆前往登别，回程沿日本海长驱直下。

此外，不同季节或每逢佳节还会推出相应的特别路线。

还未正式运行的时候，"四季岛"列车便出现在各家媒体的版面上，被称为"为富人准备的豪华观光列车"。

车上的套房分为 3 种类型，共 17 间。在四天三夜的观光套餐中，最高票价为 100 万日元（约合人民币 6 万元）。

为了实现改变铁路行业业态的夙愿，以"四季岛"列车的设计项目为契机，我向 JR 东日本铁路公司提出了一个离奇的要求。

"既然旅客要支付如此高的票价，那我们必须提供与之相匹配的观光体验，为此，各项服务之间应该相得益彰，珠联璧合。

为此，我希望负责包括列车内外造型、列车命名、乘务人员制服、车内装饰品、餐具、候车室、站台等所有要素在内的全方位设计。"

豪华观光列车"Train Suite 四季岛"

JR 东日本铁路公司的"旗舰产品"

当时，对方的相关负责人震惊得说不出话来，毕竟他们原本只想邀请我进行列车的造型设计。

若由我全权负责各方面设计，我便接手此项目——这番豪言壮语可能听起来有些狂妄。不过，在知晓了我的改变铁路行业业态的目标后，JR 东日本公司最终答应了我的要求。

在此之前，日本旅客很少向铁路寻求高品质的旅游体验，先例只有一个，那就是 JR 九州铁路公司推出的"七星 in 九州"列车。

众所周知，铁路旅行在欧洲早已屡见不鲜，比如大名鼎鼎的"东方快车"（Orient Express）等。

如何将这一旅行方式融入东日本的自然风光及民俗风情呢？怎样的旅行才是铁路旅行，是私家车、轮船、飞机都代替不了的呢？以这些思绪为突破口，我的整体设计思路渐渐成型。

从更大的意义上说，我希望"四季岛"列车能为日本社会带来某些变化，为人们的思想意识带来一些变革。

不管是从微观的企业盈利层面还是从宏观的社会变革层面来讲，"四季岛"列车都必须成为引领 JR 东日本公司品牌金字塔的"旗舰产品"。

只有当"四季岛"列车傲居金字塔顶端，JR 东日本铁路公司的整体业务领域才能随之扩大。

这一切的考量，汇聚为最终的"四季岛"列车。

如何让各环节"相得益彰"？

在上野车站的 13 号线站台，我们设立了"四季岛"列车的专用候车室——"序章 四季岛"（PROLOGUE 四季岛）。乘客到达后，工作人员会立即送上迎宾饮品，让乘客享受对旅行的期待。

旅途结束后，这里又会为乘客举办欢送会，让乘客感到旅程仍在继续，充满对未来的向往。

候车室里陈列着旅途沿线的各地传统工艺品。

"四季岛"这个名字取自日本的古老国号"敷岛"[1]，此次设计理念的根基在于传达日本的魅力。

之后的所有构思都建立在此根基之上。

那么，如何将这一宽泛的设计理念落实到具体方案呢？我为此设立了三个子目标。

---

1 "敷岛"与"四季岛"在日语中读音相同。

1."行进的铁道博物馆"：让"四季岛"列车汇聚日本最先进的铁路技术；

2."超豪华餐厅"：品味日本的四季所孕育的食材；

3."地区传统工艺博物馆"：触摸日本传统工艺的深度。

"四季岛"列车的旅途沿线，聚集了多种日本传统工艺品的产地。

这些工艺品不仅被陈列在候车室里，还被实际应用到了列车的内饰装潢上。这些举措有利于提高地区特色产业的知名度，拉动地区经济发展。

比如在作为休息室的 5 号车厢和作为餐厅的 6 号车厢中，我们使用了秋田木工（位于秋田县）制作的桌椅。这种桌椅采用"曲木加工"的制作方法，通过给木材施力来使其弯曲。

而作为瞭望台的 1 号车厢和作为客房的 10 号车厢里，则使用了山形县 Oriental Carpet 出产的手工地毯。除此之外，岩手县岩铸的南部铁器、东京小林硝子的江户切子[1]等，诸多富有日本特色的装饰元素闪现在列车各处。

不消说，为了决定使用哪些传统工艺品，我们进行了再三研讨。

---

1 日本的一种传统玻璃雕花工艺。

就拿餐厅来说，设计团队和主厨、副厨三番五次开会讨论，从食材到菜式，再到餐具及上菜方式，方方面面都制定了严谨的计划。

而谈到餐具等硬件设施，还是亲眼见到实物最为稳妥。所以，我们专门派出员工到各候选厂家收集样本。其中一家便是位于新潟县燕市的山崎金属工业制造厂。

燕三条（燕市与三条市）的金属加工厂历史悠久，可追溯到江户时代初期（17世纪初期）。我们在看过特派员带回的样品后，最终决定委托山崎金属工业制造厂为"四季岛"列车定制专用餐具。

列车内插花用的器皿采用了玉川堂（同样位于燕市）生产的锤起铜器[1]。

在"四季岛"的观光行程中，我们会安排乘客到各地的传统作坊参观，玉川堂就是其中一处。

在参观过程中，乘客可以近距离观赏匠人的手艺，还可以聆听手工艺品背后的历史故事；回到车上，乘客又可以再次见到并触摸到那些传统技艺的结晶。视觉、听觉、触觉的全方位包裹，一定能够让乘客对日本的地区传统文化有新的发现。

---

1 敲打整块铜板使其成型的铜器。

窗外，是慢慢流逝却又源源不断的美丽风光。

6号车厢内的秋田木工桌椅

专用候车室"序章 四季岛"中陈列的各地传统手工艺品

对于"四季岛"来说，目的地并不是目的。在列车移动的空间变化和时间流逝中，乘客可以在日常生活的表层背后，发现第二层、第三层的有趣现象。

对于"四季岛"观光来说，乘坐"四季岛"列车便是最大的目的。从出发到归程，列车的乘坐体验将是乘客难以忘怀的旅行记忆。

从"物品"的选择到"服务"的考量，只有整体的故事设计圆满而完整，让各元素、各环节相得益彰，才能保证最终产品突破现有的业态束缚，在该行业引领新的制高点。

"四季岛"项目中的金钱观

品牌打造、故事设计、顾客体验，这些都要精益求精。

但若为此花钱如流水，让企业亏到倒闭就太不值得了。

"四季岛"项目的实际开发费用约 100 亿日元（约合人民币 6 亿元），我很好奇，如此庞大的数额究竟该如何赚回来。

尽管票价高昂，但考虑到以员工工资为首的日常运营成本，靠卖票填坑，不知要填到猴年马月。

为此，我想了一个解决办法：为铁路行业拉拢"新生意"。

比如，允许合作企业（如为列车提供装饰品的地区特色产业等）使用"四季岛"的品牌来销售手工艺品和生活用品。这样，一方面，地区经济得以创收；另一方面，"四季岛"项目的开发费用进一步缩减。

同时，也避免了生产"四季岛"专用产品的劳动力和研发费用浪费。相关厂家不必根据列车需要的产品数量来限制生产规模，可以批量生产，面向普通消费者进行销售。

由此，挂着"四季岛"品牌的各式产品络绎不绝，从毛巾到圆珠笔，从杯垫到毛毯等，琳琅满目。

"四季岛"项目是一个囊括诸多要素的大规模企划，因此不必局限于 JR 东日本铁路公司本身的收支状况，可以将包括观光地在内的多种商业途径都考虑进来。

而且，"四季岛"列车的乘客们可能会买下带有"四季岛"品牌的商品作为纪念，回家后将旅途故事绘声绘色地讲给周围人听，从而起到很好的宣传作用。而乘客本人每每看到这些纪念品，回忆起这段旅程，可能会燃起再次出发的热情。这样一来，新老客户纷至沓来，同样可以提高项目收益。

　　让更多的人欢喜，让今后有更多的发展机会，这就是我所强调的"商业设计"。

Chapter

7

设计 "未来"

不要让灵感干涸

有业务的时候就接，这没什么好说的。

那没有业务的时候呢？就把设计完全抛在一边吗？

搞不好真的会有人回答"是的"。这可使不得。

没有业务的时候，也要保持设计思路。不管是细节上的造型设计，还是整体上的商业设计，都不能懈怠。

在日常生活中，要时常带着问题意识，寻找潜藏的课题，不断积累模拟方案。这是需要自觉养成的职业习惯，不能等到用时方恨少。

如果只等着客户提供课题，只等着业务来了才练手，那么脑子里的存货很快就会消耗殆尽。

这样一来，就没办法给出超出客户预期的惊喜方案，也就是我们常说的"江郎才尽"。

如果设计师只能提交客户预想中的方案，或许客户会称赞说"不错"，但他下次，或者下下次，是不会再找这名设计师合作的。如果是公司内部项目，那么领导下次绝不会选这名设计师来当项目负责人。商业设计不是温柔乡，这里充斥着弱肉强食和优胜劣汰。

我们还是拿餐厅打比方。前往一家餐厅的时候，我们心里会多多少少有一个预期："我想吃这样那样的东西。"如果吃到的饭菜和想象中完全一样，我们会觉得："也不过如此嘛。"

只有吃到比想象中还要美味的饭菜，我们才会认为："确实好吃，下次还来。"

商业设计也是同样的道理。如果不能超出客户预期，那就相当于不达标。为了在工作时游刃有余，平日里就要积攒各式各样的想法。

从我个人的经验来讲，如果我们把所有的工作量计为 10，那么没有业务时的工作量要占到 2。

我把这样的工作称为"孵化项目"。

"孵化"原本是指为创业进行准备活动。既然我们是在没有业务的时候自己创造业务，那么借用这个词也未尝不可。

当然了，只要有机会，尽可以将"孵化项目"中的方案推介给相关企业或政府部门。

为社会问题"孵化"解决方案

经常带着问题意识去观察周遭事物和世间变化，将丰富多样的模拟方案存储在大脑里，这是商业设计的第一步。关于它的重要性，我已经再三强调。

其中，为企业和政府部门提建议的那部分，我称之为"孵化项目"。

也就是上一节中讲到的"占到2"的部分：在没有业务的时候，为了打磨自身能力并开创新的事业而自行着手的工作。

对我个人来说，"孵化项目"是对社会问题的挑战书，是未来社会的蓝图。

毕竟，大企业虽然家大业大，却总有些课题是心有余而力不足的，尤其是那些利润率不高的社会课题。可正是那些与人们生活息息相关的社会课题，能够显现出设计的强大力量。

在这种想法的驱动下，我始终很注重"孵化项目"的推进，目前正在研发的课题是"出行方式"。

近年来，高龄驾驶引发的交通事故频发，交通出行再次成为人们热议的话题。有呼声要求收回老年人驾驶证，可是在城铁和公交不发达的地区，对于独居的老人来说，私家车是必要的出行手段。

比如，若是老人想去车站前的商业街买点东西，那5公里的路程单是走过去就已经很吃力了，更别提拎着东西走回家了；再比如，若是老人需要定期到隔壁镇上的医院就医，来来回回都靠出租车的话也是一笔不小的经济负担。

于是，所谓的"交通弱势群体""出行难民"越来越多。

而且，这些问题不仅出现在乡村，甚至在城市的近郊也很常见。

最大的困难出现在"最后1英里"（Last 1 Mile），也就是从家到车站，或是从车站到目的地的路程。这段路没有公共交通工具可以乘坐，只能靠徒步，对于老年人、残障人士、孕妇、幼童、生病或受伤的人来说，都很难应付。

在这样的社会背景下，甚至在高龄驾驶成为热门话题之前，也没有接受任何人的委托，我就自行思考了相应的解决方案。我想设计一种介于出租车和公交车之间的交通工具，并且将每排座椅用隔板分开，保证乘客的个人空间。

近十年前，我便将这一设想注册在案，之后一直在此基础上摸索改进。

生产成本、个人空间、实用价值

2018 年 12 月，在"东京大学堀·藤本研究室和 Tajima EV 的合作研究成果报告会"上，我的孵化项目终于破壳而出。

这次合作研究以电动汽车的车辆操控系统为主题，推出了"绿色慢行汽车"（Green Slow Mobility，简称 GSM），由我负责车身设计。

这辆 GSM 后来又演化为可载客 8 人的"GSM8"，它起源于我之前注册的创意：为交通不发达的地区和因"最后 1 英里"而烦恼的人群提供出行手段。

受当前道路交通法等法律法规的限制，GSM 在行驶过程中必须由驾驶人员操控。但在将来，它势必会实现无人驾驶。

GSM8 的一大特征是最高时速在 20km 以下，其目的在于将销售价格压缩在 300 万日元（约合人民币 20 万元）以内。我们采取的手段是使用"二手"锂离子电池。

一般情况下，普通的电动汽车所换下的锂电池依然留有约 70% 的容量。这 70% 不足以让普通电动汽车正常运行，而对于时速 20km 以下的 GSM8 来讲却绰绰有余。这样一来，GSM8 不仅可以顺畅地搭载 8 名乘客，同时还能削减成本。

拯救"出行难民"的"GSM8"

很多人不喜欢和陌生人同处在狭小空间内。为了尽可能消除乘客的不适感，车内每两人坐一排，共四排，每排座椅之间设有隔板。

隔板材料选用了价格低、重量轻、硬度高的聚碳酸酯（PC）塑料板。使用这种透明塑料板作为屏障，既保证了乘客的个人空间，又不会让乘客产生透不过气的压迫感。而且，隔板上下与车身留有距离，不会妨碍空调冷暖风的流通。

从实用角度来讲，我们为这款车配备了相应的手机 APP 软件，不仅适配于智能手机，在非智能手机、老人机上也能顺畅运行，操作简单，使用便捷。只要输入当前所在地和目的地，软件便能自动规划路线，协调不同乘客的上下车顺序。

在当前情况下，只能由驾驶员按照规划路线接送乘客。等到无人驾驶的技术和环境成熟后，加上驾驶座，GSM8 一共可以承载 8 名乘客。

从理论上来讲，在人口约 1000 的小镇上，只要配备 10 辆 GSM8，就可以基本满足当地居民的出行需求。

大家可以把它想象成小型公交车。

GSM8 是介于出租车和公交车之间的交通工具，是新型的"共享出行"（Share Mobility）方式。

正因企业难以插手，才有"新"可图

"GSM"的案例指向明确，是为解决社会问题而打造的。其实按道理来讲，这类课题本应由大型企业牵头实施。

然而，一个窘迫的问题出现了：越是大企业，越难以插手。

就拿大型汽车生产厂家来说，它们不可能以每辆约 300 万日元的价格来生产并销售 GSM8。

它们的设备规模和人员配置更适合日产两三千辆汽车，小批量生产只会赔钱。

与此相对，我们此次的项目团队计划生产并销售 50 辆 GSM8，预计第 10 辆便可以回本，之后卖出的每一辆都是净赚。

毕竟，我们的生产规模仅在 10 人左右，再加上这个方案原本属于我自己的"孵化项目"，研发费用也没花什么钱，所以整个项目的收支平衡点较低，而大企业就很难实现这一点。

也就是说，商业设计可以根据不同的情况达成不一样的效果：既可以与大企业联手进行批量生产，也可以小规模轻松运作。后者对于很多社会问题来讲都是难得的突破口。毕竟社会问题纷繁复杂，容易入不敷出，导致很多大企业望而却步。

我们团队打算在致力于灾后重建（东日本大地震）的福岛县进行 GSM8 的生产制造。

GSM8 的生产流程大致包括：①从国内外购买二手锂离子电池；②根据各电池的使用状况对其进行重新组装；③将电池与发动机组合为传动系统（可将发动机产生的动力传递给驱动轮的装置）；④整车装配。我们计划委托福岛县磐城市和郡山市的乡镇企业来负责最终的装配环节，目前已经拿到了政府拨给装配加工厂的扶持资金，设计方案正被稳步推进。

只要设计合理，商业设计还可以帮助地方创造就业，拉动经济发展。

总之，大型汽车厂商不能做或不肯做的事情，我们不仅做了，而且做成了，甚至为汽车行业带来了新气象。

在我目前接手的业务和自行创建的孵化项目中，我的热情主要灌注于这个"电动汽车"的项目。

我相信，类似的设计模式可以解决纷繁的社会问题，可以振兴地方经济，可以带来新的活力。我期待着商业设计的更大作为。

"空中汽车"政企合作项目

近年来，交通出行的话题逐渐火爆，不管是官方还是民间，新建项目如雨后春笋般源源不断。

我所在的设计公司也不例外，目前正积极推进空中出行方式的研发。

项目名称为"空中汽车"。每一个孩子都想象过汽车在空中穿梭的场景吧，我们将在不远的未来，让这一梦想成真。

该项目以经济产业省[1]的有志青年为中心，联合国土交通省[2]共同开发，是真正意义上孕育未来的孵化项目。

来自政府各部门和民间各领域的专业人士集结在该项目下，形成了"空中交通革命公私协作小组"，我也是其中的一员。

2018年12月，该项目制定研发规划，以"空中汽车"在全社会的应用与推广为目标，预计于2023年正式启动。

说了这么多，"空中汽车"到底是什么样的汽车？

1　日本的中央省厅之一，主管经济事务。
2　日本的中央省厅之一，主管交通运输、国土资源等事务。

在项目规划中，"空中汽车"被定义为"电动、垂直升降、无人驾驶的航空器"，是"可应用于日常生活的便利的空中出行方式"。各位可以把它想象成介于无人机和直升机之间的一种交通工具。

"空中汽车"的概念图

预估可应用于岛屿间人或物的移动运输等多种场景。

它如何让人们的日常生活更加便捷呢？ 比如上下班或上下学的路上遇到堵车，或者岛屿间人员移动，抑或是灾害期间投放物资等场合，"空中汽车"都可以派上用场。

海外的多家飞机制造公司，如美国的波音（Boeing）公司和欧洲的空中客车（Airbus）公司等，也在如火如荼地开展空中出行项目。城市飞行器（Urban Air Vehicle）、飞行出租车（Flying Taxi）、载人无人机（Passenger Drone）等均已提上日程。

空中客车公司目前已在巴西圣保罗开通直升机接送服务。乘客在抵达机场后，只需联络当地服务站，便可以搭乘核载 4 人的直升机前往目的地。从机场到市中心的票价约为 1.5 万日元（约合人民币 1000 元）。

对日本来说，想要实施"空中汽车"项目，一方面要有相应的电动化和自动化技术，另一方面要完善产品安全的检测标准和驾驶员技术证明的审核制度。

同时，还需要唤起民众对空中出行的热情。

为此，"空中汽车"项目推出时长约 2 分钟的宣传短片，主题为"走，去天上兜两圈——Let's drive in the sky"，描绘了空中汽车问世后的未来社会图景。我在此项目中负责车身设计。

到目前为止，我们所有项目成员都在发扬无私奉献的精神，因为短期内很难产生实际效益。或许也有怨言，但想到自然灾害等紧急情况下空中运输的巨大效力，一切都是值得的。

再者说，国外的飞机制造公司已经先行一步，日本若再袖手旁观，只怕抵挡不住这时代的洪流。毕竟，以"空中汽车"为突破口，偌大的行业前景将会铺展开来。

从长远的眼光来看，孵化项目将给日本社会带来诸多新的可能性。如若盲目地对新鲜事物敬而远之，怕是贻误时机，未来难期。

变革职业生涯设计，培养综合型人才

前面讲到了保持设计思维和积极参与孵化项目，本节将涉及最后一个话题：如何为未来培养新型人才。

我在本书中介绍了很多设计方面的技巧，包括以假说为轴心、立足现场、培养问题意识等。**但是，要想有效地运用这些技巧，设计师必须具备一定的"经验"。**

而且经验越丰富越好。只有这样，设计师才能从多个视角考虑问题。

在第 6 章中，我把商业设计比作医学上的"问诊"。尽管医生一般负责内科或外科等不同领域，但他们并不是从一开始就如此界限分明的。

医学生先要综合学习各科诊疗知识，然后再选择自己的专业领域。而在研习专业领域知识的过程中，他也会直接或间接地应用到事先储备的其他领域知识。

遗憾的是，日本的社会环境和教育体系并不利于积累丰富经验。日本社会对精通一门的"专才"十分推崇，却不考虑触类旁通的"通才"（不是广泛涉猎却浅尝辄止的庸才，而是既有自己的专长又熟知其他领域的多面型人才）。眼看着只懂"一招"的书呆子越来越多，能够兼收并蓄的综合型人才却寥寥无几。

说到底，日本的教育体系实在太过僵化。高中二年级左右就分文理科，除少数个例外，大部分学生按照自己是文科还是理科来选择大学专业，大学毕业后又根据所学专业来寻找对口的工作岗位。

虽说最近几年社会上对于转行的态度宽容些了，但在此之前，几乎不会有人转行到和原来职业完全不相干的岗位去。

干推销的人就一直干推销，搞机械的人就一直搞机械。社会不允许人们转到其他行业，人们的思维也相应固化，不再有尝试新事物的热情。

我从日本的美术大学毕业后，又到美国的设计学院留学深造。

在日本接受文科的设计教育，想着以后当个平面设计师；之后跑到美国重新接受理科的设计教育，打算从事汽车设计。

尽管都叫"设计"，其实早已千差万别。好在美国是个宽容的国度，其社会环境接纳了我的转变，而且没有人觉得这是什么稀罕事。

在美国，很多人大学毕业后会先工作几年，攒够钱后再重新进入大学学习。

我到美国就读的时候已经 24 岁了，按理说，作为"新同学"来讲算是年纪大的了。结果，40 个人的班上，只有一个人年纪比我小。大部分同学都是工作后再次入学的"回头客"。

我后来在那所设计学院担任过一段时间的工业设计系主任，遇到过一位 41 岁的"新同学"。 他原本的职业和设计毫不相干，但他本人"无论如何都想从事汽车设计"，所以就来上学了。

那名同学现在在美国的一家汽车公司任经理。他本人的决心和意志当然令人钦佩，但我觉得，接收他入学的学校和雇佣他就职的公司也很了不起。

因为在日本社会，这样的刷新重来几乎是不可能的。大学毕业后找工作，一旦跌倒，就很难再爬起来。

社会不允许失败，当事人也不允许自己失败。而美国正好相反，他们更看重失败过的人。

因为失败过的人，从失败中获得了教训，不会在同一个地方再次跌倒。

日本人也该重新想想如何规划职业生涯了。"从未失败"，才更让人担忧。

如何获得深入而广泛的知识？

在接受了海外的教育并亲眼见识到了东山再起的诸多事例之后，我深刻意识到日本在人才培养方面的缺陷：**过早划分专业领域，人们没有时间和机会接触多领域的知识。**

在视野和视角极为受限的窘境下，人们只能得出偏颇而促狭的见解。

当被问到"那么，这个方案的问题出在哪儿呢"，由于头脑中没有类似的经验和知识，人们只能回答："不好意思，这方面我不懂。"

这是教育体系和社会结构的缺陷，日本人被困在狭小的牢笼里，连转身都困难。从长远角度来讲，这一缺陷会对日本社会造成极大的侵蚀。

海外曾有一段时间极力宣扬"T型人才"的重要性。他们把精通某一领域的专家称为"I型人才"，把既有拿手专业又熟悉其他相关领域的人称为"T型人才"。他们认为，"T型人才"能够融合不同领域的知识使其产生神奇的化学反应，从而为商业带来真正的革新。

IDEO公司将设计思维的概念推广至全球，其首席执行官蒂姆·布朗率先提出了"T型人才"的说法，将其定义为"兼备深入的专业知识和广泛的其他技能的人才"。

随着时代的发展，这一潮流已经演化为对"π型人才"（深入钻研两门专业领域的人才）和"H型人才"（本身具备过硬的专业技能，同时能够与其他领域的专家协作的人才）的呼吁。

不过，从我的经验来讲，不管是想成为"π型人才"还是"H型人才"，若是为追求知识的广度而草率闯入诸多领域，结果很可能适得其反。

我们的确鼓励尝试不同行业，积累多样经验，从而避免成为只钻一门的书呆子。但我也要从反方面说几句：**当一个人将某一领域彻底研究透了，其他领域自能触类旁通，推而广之。**

就拿我本人来讲，在汽车领域摸爬滚打多年后，其他领域的知识也不知不觉间跑进脑子里。所以我才能创立设计咨询公司，为不同行业建言献策。

因此，我个人的结论是：首先还是要以成为"I型人才"为目标。在此基础上，再横向发展为"T型"、"π型"或"H型"。

我认为转行是不错的人生经历。在发现自己想做的事情后，人人都可以重新学习相关知识，然后进入相关的行业就职。社会应该欢迎综合型人才的涌现。对于什么"35岁之后不要跳槽"之类的无聊说法，不要放在心上。

不过，有一点需要注意：如果在没有获得足够经验的时候就匆忙转向下一个领域，这样的转行对于个人的职业生涯来讲没有任何意义。

因为，你还没来得及挖掘当前领域，没有掌握相应的技能。

用"设计"创造"未来"

T型、H型等模式不仅适用于人才培养,也适用于商业发展。

不管是"T"还是"H",其中的横杠都意味着"交流"与"合作"。当今社会,商业分工高度细化,业界急需擅长多种业务的跨领域人才。

这类人才,正是本书所强调的能够进行"商业设计"的人才。

为什么这么说呢?因为在项目初期,各部门各方面的信息都会汇总到设计部门。负责调整、统筹这些工作的人,经常是设计部门的主管。

比如在研发汽车项目时,以前都是按照发动机—底座—车身—外形的顺序分阶段进行,现在通常是多管齐下,同时推进。

这样一来,哪些地方是重点和难点、需要哪些信息、进行哪些选择,这些问题都需交由设计总监(Design Director)来判断。**一言以蔽之,"商业设计"需要把项目的各环节、各人员、各部门用一条绳索串联起来。**

甚至,产品的对外宣传以及市场营销等工作也常常需要设计总监经手。这种倾向在海外企业中尤为明显。

比如在车展上，继总经理致辞之后，通常就是产品展示。而此时登台的不是总机械师，而是设计总监。这在海外早已成了惯例。

为什么要让设计总监担此大任呢？不是因为产品的造型设计有多么惊艳，而是因为设计总监的身影贯穿了项目的整个开发过程。

而在日本，受教育制度和企业管理体系的制约，除一部分特例外，很少有设计人员能够扮演类似的角色。

这一状况于近几年稍有改观。

但能够操控全局的设计师还是太少了。

一方面，日本可以投入更多力量来培养综合型的设计人才；另一方面，倒也不是非设计师不可。

只要是能够进行"商业设计"的人才，便足矣。

后记

5 年后的生日礼物

不知不觉竟已写到了"尾声"。在洋洋洒洒一百多页后，我不禁静下心来重新思考："设计"究竟是什么？

我的回答是：设计就是为自己最重要的人准备一份 5 年后的生日礼物。

各位读者对此做何感想？

要想准备一份 5 年后的生日礼物，首先要知道对方是怎样的人，对他有一个明确而完整的认识。

而要想充分认识对方，就要进行详细的调查，比如他最近看了哪些电影，吃了哪些菜品等。以这些已知信息为根据，可以进行模拟场景的推测，像是"这种场合下他会怎么做呢？""面对这种情况他会怎么想呢？"之类。

不过，我不得不承认，这些问题是没有正确答案的。毕竟，即使我们当面去问对方："你 5 年后想要什么样的生日礼物？"他自己肯定也不清楚，谁知道 5 年间会发生什么变化呢？

但是，从事设计的人，对于这些哪怕没有答案的问题，也一定要追究下去。

在追寻答案的过程中，我们会踏入一处新境地。

那时，我们苦恼的不再是"对方想要什么？"，而是转念盘算"我能给对方什么"，考虑的对象从对方转移到了自身。

更甚一步，我们开始思考："对于那个人来说，我是怎样的存在？"不，不对，"说到底，我究竟是谁？我是怎样的人？我有怎样的能力？"

当终于抵达旅途的终点，我们可以胸有成竹地说，"我要为他准备这样的礼物""把这个送给他，他一定会开心"。

同时也做好了反向的心理准备："他如果不喜欢，那我也没什么办法。"

所以，在设计的过程中，最大的课题在于：我是谁？

从实际操作来讲，这个问题会变成：我们公司是怎样的公司？我们团队是怎样的团队？客户对我们有怎样的期待？我们能够做出怎样的回应？

不管是设计师还是商业人士，最终目标和思考路径都是相通的，最重要的是"要通过某些道具或方式来展现自己"。

因此，在听到"设计"两个字时，无须紧张，也无须焦虑。

每个人都有适合自己的展现方式。对于我来说，绘画更适合我；而对于其他人来说，可能是音乐，可能是文章，也可能是影像或演讲，等等。

本书介绍了多种多样的设计思路及手段，但我的初衷并不是为"设计"套上层层枷锁。只要是有效的方法，你尽可以应用到设计工作中去。

我希望读者们能够用一半的大脑来消化本书，用另一半的大脑自由思考。

各位不妨现在就开始考虑，要为心中那个重要的人准备礼物，自己最擅长什么呢？能准备的最好的礼物是什么呢？这份礼物，就是你的"创意工具"（Creative Tools），是你在商界所向披靡的手中利器。

不管你身处什么行业，不管你是谁，从今天开始，你都可以成为一个有创意的人！

正是这份热忱，将为我们的社会掀起革新的浪潮！

保持创意，保持新颖！

Be creative, Be innovative.

2019 年 10 月

奥山清行